U0211279

目录

关于海洋

世界上的海洋

海洋中的生命

人类与海洋

受到威胁的海洋

词汇表

索引

致谢

南极之旅

环绕南极的南大洋中的冰冷海域现在变成了度假胜地。但是只有每年11月到下一年3月的南极夏天才适合旅行，因为在冬天，海水形成的冰会困住行船。

精美的漂浮物

海洋中充满了令人惊叹的和让你感到陌生的生物。这只娇嫩的折边水母已经完全成熟，它生活在冰冷的南极海域，靠近海水表层。它钟形的身体伸展开来直径可以超过1米。

关于海洋

* 地球上曾经只有一个海洋，这是真的吗？
* 月球是如何吸引海水冲向陆地的？
* 为什么海里会有大陆架？

海水 [从上到下]

我们在陆地上行走，但是海水覆盖着地球表面约71%的面积。从潮间带到广阔的海洋，都是许许多多植物和动物的家。几百万年的进化使这些生物适应了海里的盐水，海洋成为它们的家园。

海盐
海水中的盐的成分是氯化钠（食盐），这对大多数海洋生物的身体都不利，所以很多动物体内的盐泵机制会一直持续地排除盐分。

海中的景观

阳光中包含了彩虹的所有颜色。各种颜色的光线在不同的海水深度下会逐层被吸收，其中红色消失得最快，其次是橘色。所以当你潜水潜得越深，海看起来越蓝，越暗。许多海中动物的眼睛已经进化成对蓝色最敏感了。

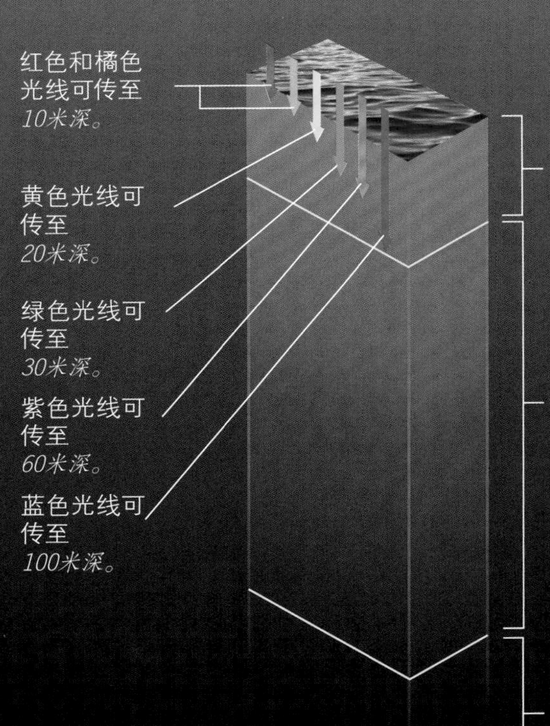

高水压环境

水压随着深度增加而快速上升。10米深海水的水压是海面水压的两倍。在海洋最深处，压强就好比是一头大象压在一片指甲大小的物体上！在那里，我们充满空气的肺会被挤压成网球大小。但是深海生物体内的液体可以帮助它们承受这种压力。

银鲈
随着水压的增加，这些鱼通过增加自己鱼鳔里的空气使自己漂在水中。

海水的温度

热带海域的海水被海面上耀眼的太阳强光照得很暖。极地海域只能接收到微弱的斜射阳光，所以很冷。尽管这样，有些种类的鱼、贝类和蟹类还是完美地适应了这片几乎冰冻的水域。

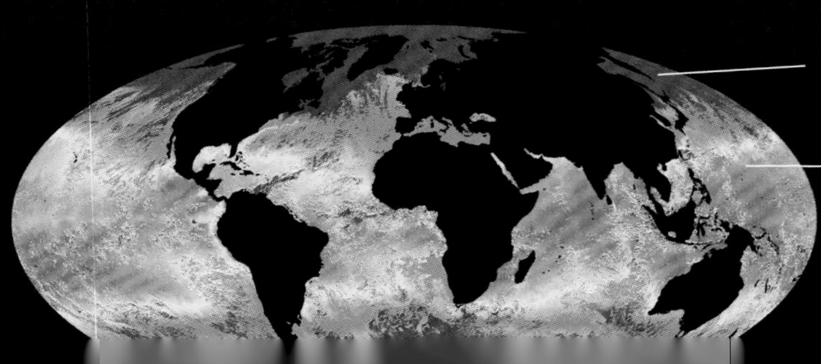

温暖与寒冷
左图是从太空中拍摄到的红外线卫星图

从光明到黑暗

大多数海洋生物生活在海洋上层阳光充沛的区域。植物在这里利用阳光来成长，同时为许多其他生物提供了食物。深海中食物稀少，那里的动物必须依靠从海洋表层沉到海底的食物生存。

海洋中超过 **90%** 的海域是漆黑一片的，而且水温在6℃以下。

阳光层
海平面下0米~100米

富有生命的区域

以海草和微小的硅藻为例，这些植物在充满阳光的海水层中茂盛成长，是许多生物的食物，甚至有一些较大型的动物从更深的海域游到这里来觅食。

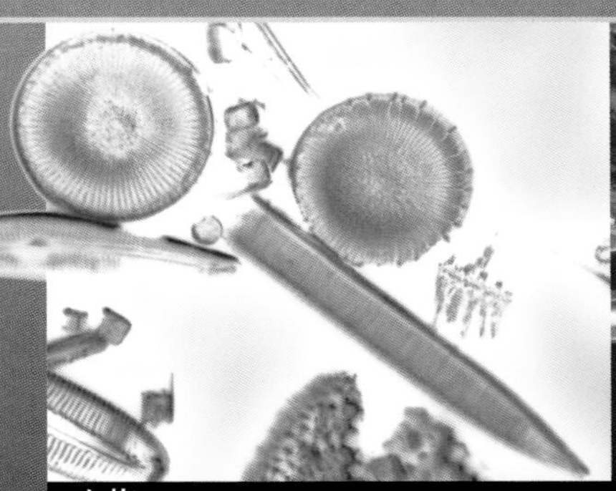

硅藻

鲭鱼

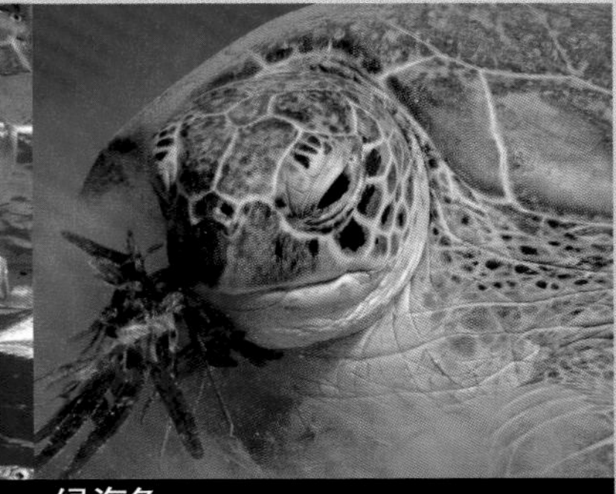

绿海龟

弱光层
海平面下100米~1000米

光线在这里变得非常昏暗

随着光线的消退，动物的眼睛越来越大以便看清昏暗处的东西。只有很少的动物能够潜入海水深处仍可以进行呼吸，比如象海豹和抹香鲸等，它们能适应此处上升的水压。

美洲大赤鱿

抹香鲸

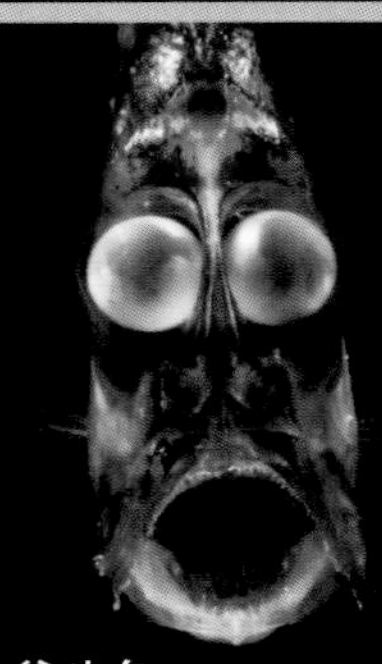

斧头鱼

黑暗层
海平面下1000米~4000米

眼睛在这个区域毫无用武之地

生活在这个区域的动物可以用长长的感觉毛和触角来感受近处的活动带起的微小波动。一张巨大的嘴巴可以帮助它们轻松抓住猎物。

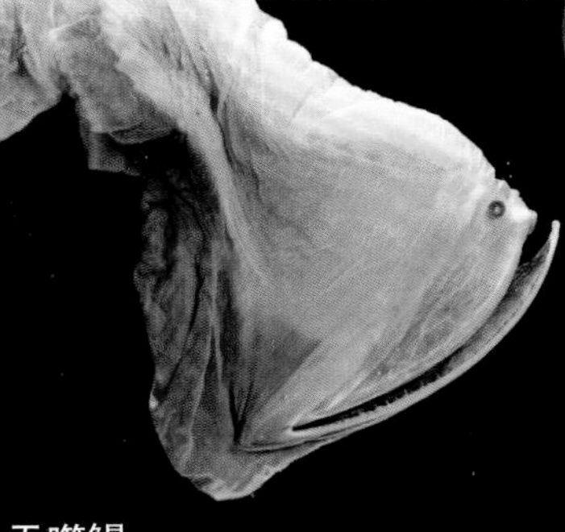

吞噬鳗

线口鳗

多毛鮟鱇鱼

深渊和海沟
海平面下4000米~11000米

世界的底层

这里漆黑一片，生命十分罕见，仅有的一些生物在高压和接近0℃的温度下只能缓慢活动。这里的动物多数以沉积到海底的碎屑物为食，这些碎屑被称作“海雪”。

深海短吻狮子鱼

巨型管虫

短吻三刺鲀

原始海洋 [唯一的海洋]

大约两亿五千万年前，世界上只有一片海洋，这片超级海洋称作原始海洋。那时，所有的陆地聚集在一起，组成现在我们所说的超级大陆、泛大陆。火山爆发和地壳运动经常改变海洋景观。各种大大小小的神奇生物，栖息在海洋和海洋上的天空中。

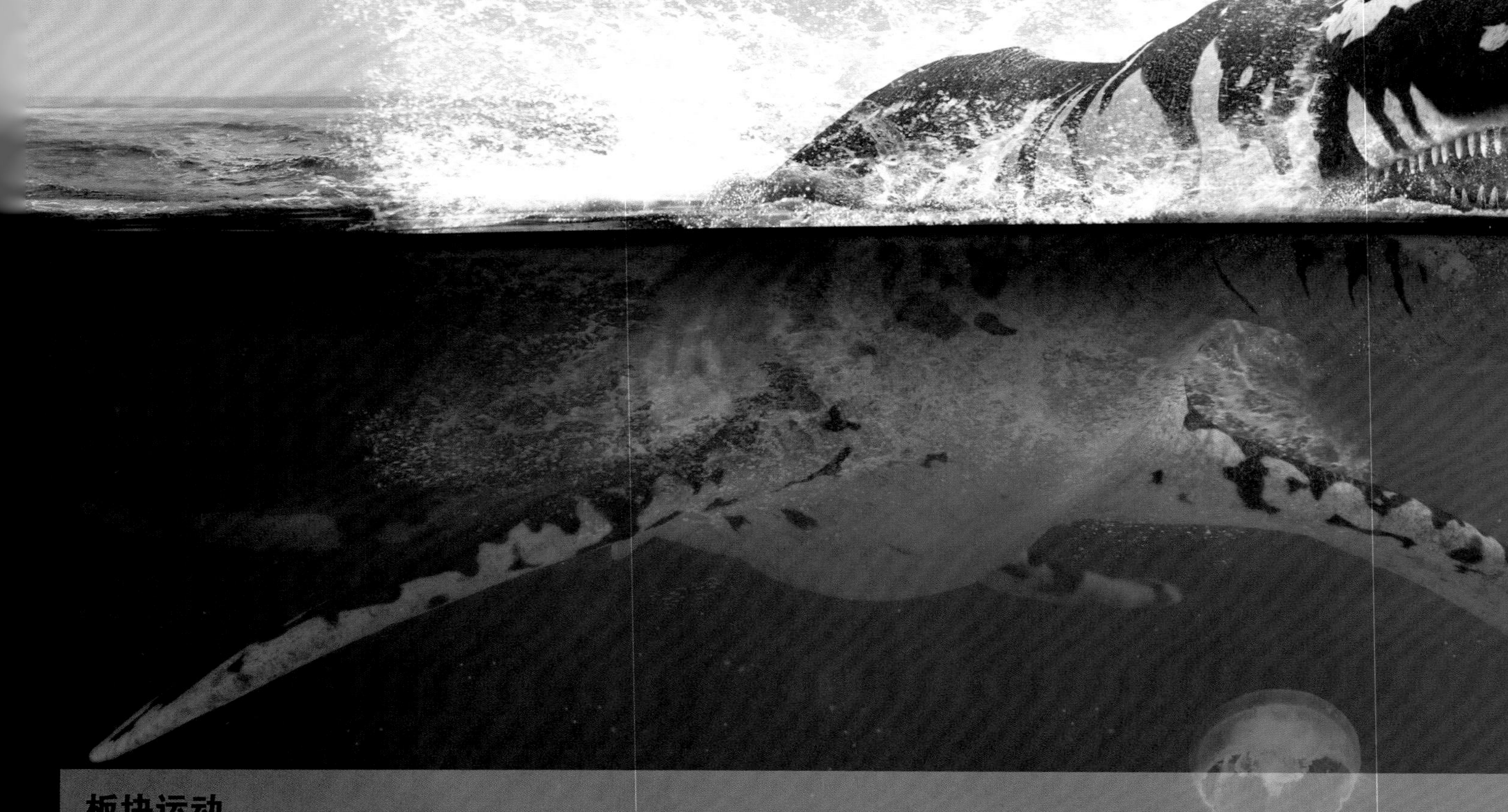

板块运动

上亿年前，泛大陆逐渐分裂并漂移。但是越往远古回溯，我们越难以确认海洋和大陆的真实轮廓。

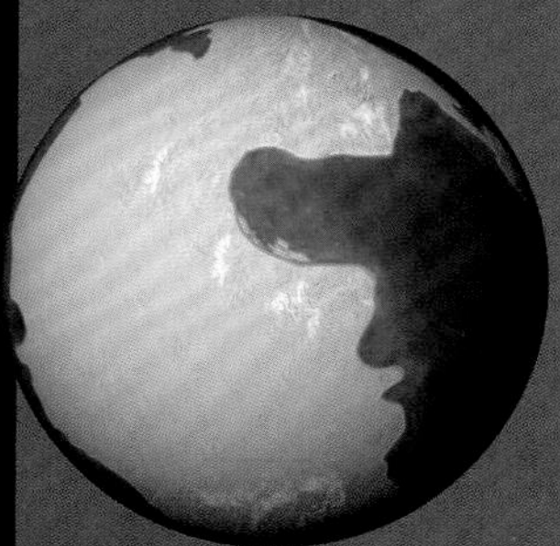

七亿五千万年前
超级大陆罗迪尼亚存在于“雪球地球”时期，那时几乎所有的大陆和海洋都覆盖着冰层。

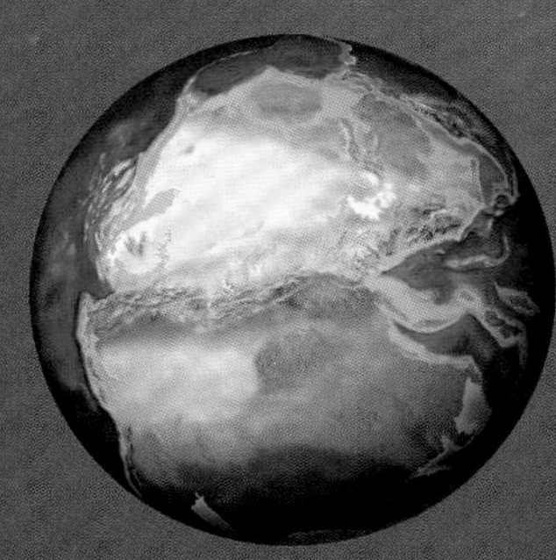

两亿五千万年前
所有的大陆都聚集在一起构成泛大陆，占据地球表面积的三分之一。剩下的面积被海水覆盖，即原始大洋。

一亿六千万年前
泛大陆开始分裂成北边的劳亚古大陆和南边的冈瓦那大陆，中间是拉宽的特提斯大洋。

六千五百万年前
大西洋开始“成长”，其他四大洋和我们今天所知的几块大陆开始形成。

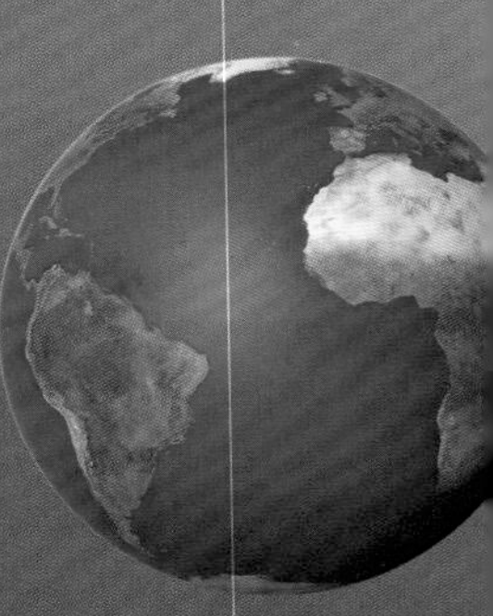

未来
大西洋每年变宽4厘米~厘米，太平洋虽然仍占据地球表面三分之一的面积，但正在细微地缩减。

难以再见的爬行动物

身长约10米的滑齿龙曾于一亿六千万年前称霸于海洋，你在这两页的画面中可以找到它。此外，这里还展示了其他一些已经灭绝的爬行动物：生活在一亿七千五百万年前的狭翼鱼龙，以及生活在一亿一千万年前的会飞的爬行动物——鸟掌翼龙。

今天的海洋 [水世界]

地球表面的咸水域被分为五大洋。海分布在多数大洋的边缘部分，通常被陆地围绕。虽有陆地相隔，但水可以自由地在大洋和大海之间流动，这也意味着所有的大洋和大海是一个整体，即海洋栖息地。

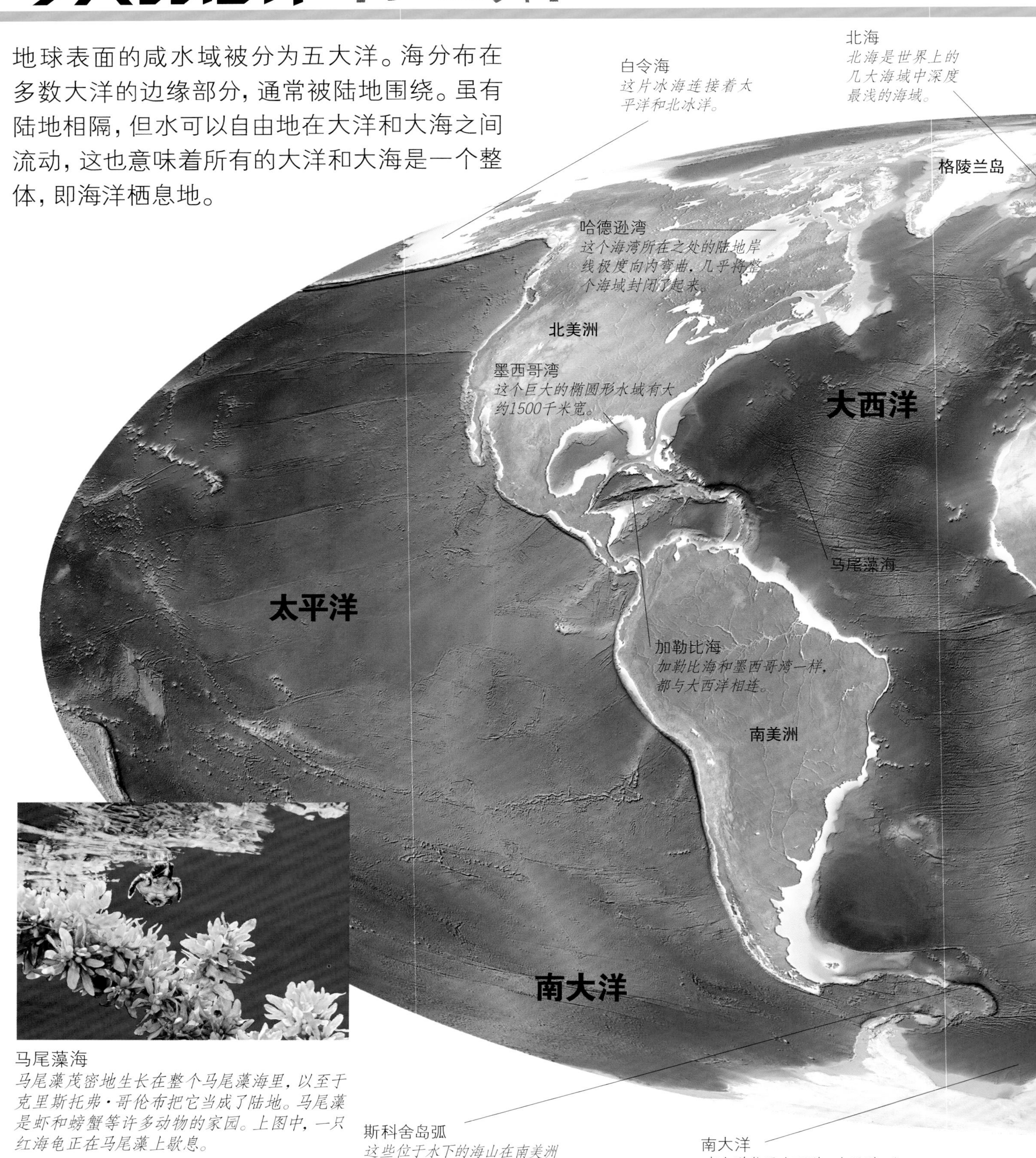

白令海
这片冰海连接着太平洋和北冰洋。
北海
北海是世界上的几大海域中深度最浅的海域。
格陵兰岛
哈德逊湾
这个海湾所在之处的陆地岸线极度向内弯曲，几乎将整个海域封闭了起来。
北美洲
墨西哥湾
这个巨大的椭圆形水域有大约1500千米宽。
大西洋
马尾藻海
太平洋
加勒比海
加勒比海和墨西哥湾一样，都与大西洋相连。
南美洲
南大洋
斯科舍岛弧
这些位于水下的海山在南美洲和南极之间呈弧形分布。
南大洋
南大洋位于大西洋、太平洋、印度洋南部的交汇处。

马尾藻海

马尾藻茂密地生长在整个马尾藻海里，以至于克里斯托弗·哥伦布把它当成了陆地。马尾藻是虾和螃蟹等许多动物的家园。上图中，一只红海龟正在马尾藻上歇息。

黑海

不足3.4千米宽的博斯普鲁斯海峡将黑海和地中海连接起来。

鄂霍次克海

堪察加半岛和千岛群岛把鄂霍次克海和太平洋分割开来。

盐度最高的海

死海位于约旦和以色列之间，其海水盐度非常高，几乎没有任何生物可以在此生存。超高的盐度使得死海的水密度很高，人们甚至可以漂浮在死海上看书！

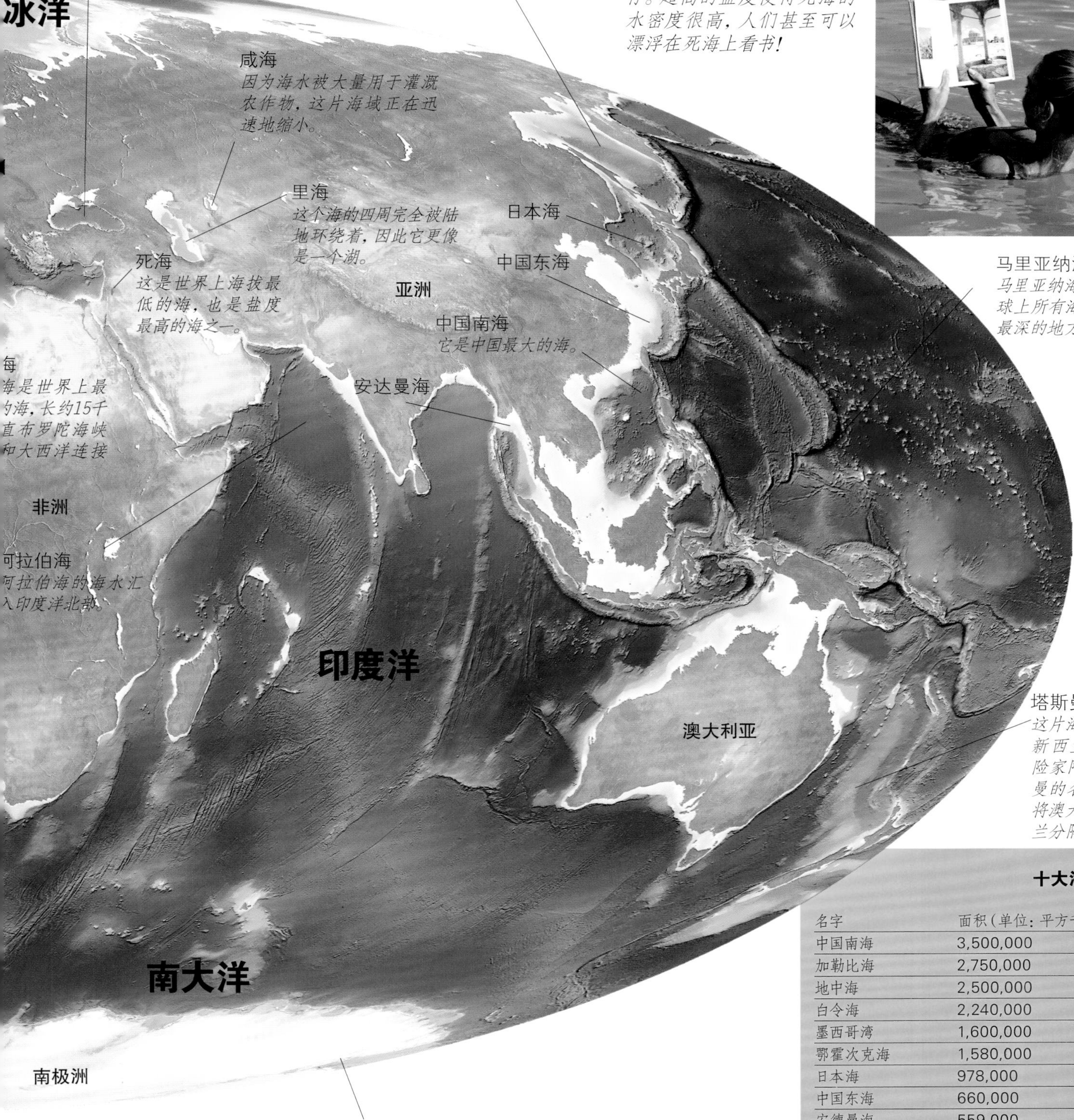

冰洋

咸海

因为海水被大量用于灌溉农作物，这片海域正在迅速地缩小。

里海

这个海的四周完全被陆地环绕着，因此它更像是一个湖。

日本海

死海

这是世界上海拔最低的海，也是盐度最高的海之一。

亚洲

中国东海

马里亚纳海沟

马里亚纳海沟是地球上所有海和洋中最深的地方。

中国南海

它是中国最大的海。

海

海是世界上最
约海，长约15千
直布罗陀海峡
和大西洋连接

安达曼海

非洲

可拉伯海

可拉伯海的海水汇入印度洋北部。

印度洋

塔斯曼海

这片海域以发现了新西兰的荷兰探险家阿贝尔·塔斯曼的名字命名，它将澳大利亚与新西兰分隔开来。

澳大利亚

十大海域

名字	面积（单位：平方千米）
中国南海	3,500,000
加勒比海	2,750,000
地中海	2,500,000
白令海	2,240,000
墨西哥湾	1,600,000
鄂霍次克海	1,580,000
日本海	978,000
中国东海	660,000
安德曼海	559,000
黑海	422,000

南大洋

南极洲

南极洲

南极洲被南大洋所环绕。

海洋里面有什么？ [海底地貌]

如果把海水都抽干，海洋会是什么样子呢？跨页图片展示的是北大西洋底部的地貌。你会发现，海洋底部看起来和陆地没什么两样，这里同样有山坡，有平原，有山脉，有山谷。海底多发的火山和地震持续地改变着海底的地貌。

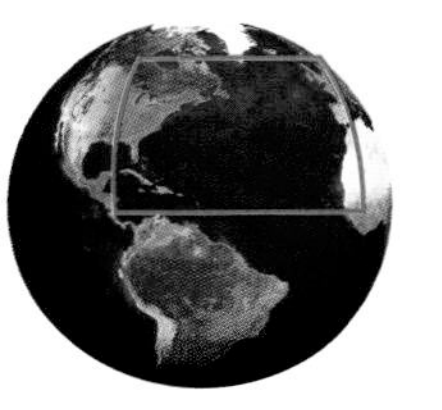

右图是以上区域的放大版。

格陵兰岛

格陵兰岛是大西洋最北边的巨大岛屿，全岛大部分地方都被冰所覆盖。

浑浊的海底

格陵兰岛附近强烈的深海洋流搅起大量的海底泥沙。

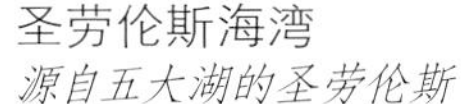

圣劳伦斯海湾

源自五大湖的圣劳伦斯河流至此地，汇入海洋，形成了世界上最大的河口。

缅因湾

在这个庞大而绵长的海湾中，深邃的海底峡谷向下急挫500多米。

软泥沉积物

洋底覆盖着一层厚厚的软泥，称为沉积物。

加勒比海

加勒比海面积很大，分布有很多岛屿，位于大西洋的西缘。

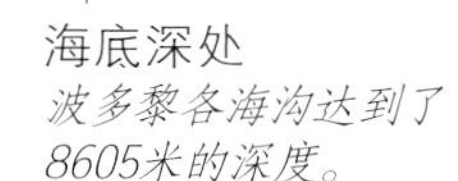

海底深处

波多黎各海沟达到了8605米的深度。

海底

近年来，借助包括阿尔文号深潜器（左图）在内的多种潜水器，人类能够接近越来越深的海底。这些深潜器不仅揭示出了深海“烟囱”（热液喷口），还帮助科学家发现了新的物种。

百慕大珊瑚礁

百慕大群岛由主岛和180多个小岛组成，距离北美洲1000多千米。百慕大沿岸温暖的浅水水域为珊瑚礁的生长提供了极好的环境条件。

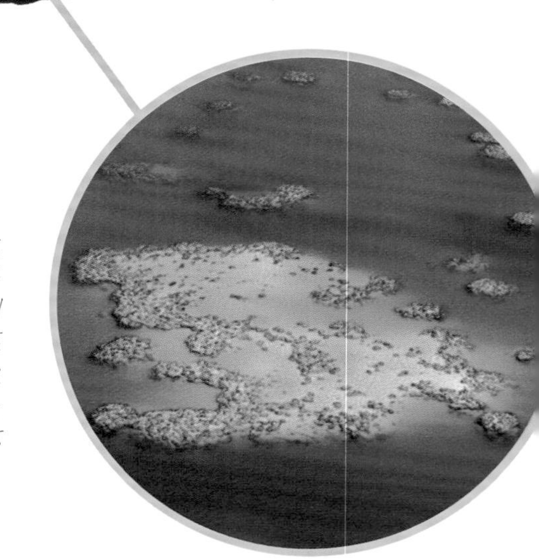

大西洋中脊绵延10000千米，是地球上独一无二的最长地貌特征。

大西洋中脊
大西洋洋盆正在逐年加宽，正是因为这绵长又低矮的海底山脉不断生成新的洋底。

冰岛
冰岛位于大西洋中脊的北端，它几乎被大西洋中脊分为两半。

罗科尔高原
这个位于爱尔兰附近，又宽又平的海底高原有1500米深。许多鱼类在这里觅食繁衍。

北海
北海是一片冰冷的浅海，大不列颠群岛将它和大西洋分隔开来。

佛得角海丘
这座古老的海底火山周围的沉积物厚度超过了1.6千米。

大陆架
环绕大陆的浅海区域被称为大陆架，海水一般不足150米深。这里有充足的阳光，多种海洋生物在这里生长繁衍。

火山海滩
西班牙的加那利群岛距离非洲西部约100千米～500千米，它们是海底火山喷发形成的山峰。在海浪对这些火山上嶙峋礁石的冲击和剥蚀作用下，黑色沙石的海滩逐渐形成。

永不停歇的水 [川流不息]

海洋永远都不是安静的。即使看上去毫无波澜，潮流依然在海面下不停涌动。海流将来自不同大洋的海水混在一起，所以别小看一滴海水，它可能已经周游世界。

海流

当你看到海水裹挟着物体运移时，物体其实是受到海流的影响。所谓海流，是指一团水朝着同一方向流动，通常是由于风的作用和地球的旋转引发了海洋的表层流，除此之外，温度和盐度的变化也会改变海面下海流的强度和方向。

海流的世界

太阳的热度、潮汐和风会引发剧烈海流，在大洋和大海之间涌动，并随着季节的更替而变化。鲸类、鲨鱼和海龟等海洋生物会随着海流“踏浪而行”。

涡流

在码头和岛屿等屏障或狭窄的渠道处，常会形成如上图中旋转的水涡一样的规模较小但强度很大的海流，被称为涡流。图中这个涡流出现在一座桥塔底部附近。

水循环

淡水对陆地上的所有生命来说不可或缺。地球上的水并不会枯竭，这是因为水在太阳的热能驱动下，经过一个庞大而复杂的循环过程，一直在陆地和海洋之间往复运移。淡水从海中蒸发，把盐分留在海洋里，然后凝结成云，以雨的形式把淡水（没有盐分）降落到陆地上。

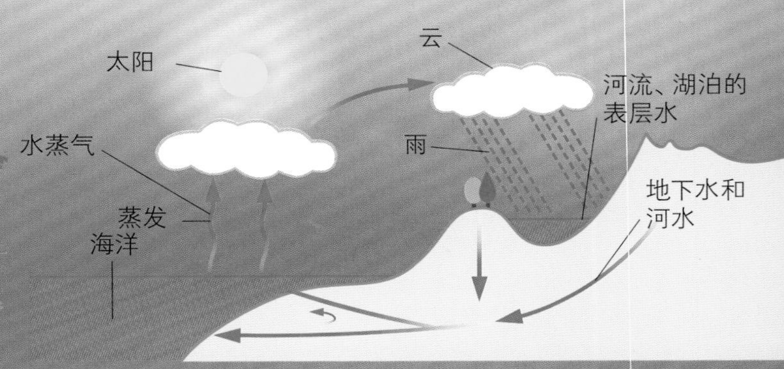

周而复始的循环

海水被太阳晒暖，蒸发或者说变成水蒸气。水蒸气上升遇冷又凝结变回液态水，形成数十亿的微小水滴，构成云。这些微小水滴以雨、冰雹或雪的形式降落到陆地上。在陆地上，雨水形成溪流或河流，之后渗透到土壤和岩石中，形成地下水。所有的这些淡水最终将流回大海。

波浪的形成

当风吹过海洋表面时就会形成波浪。当潮汐和海流冲击礁石、海岸或海底山脉等物体时，也会造成波浪。不间断的海浪称为涌浪。

高点）

波谷（最低点）

波高是指波峰到波谷之间的垂直距离。

波长是指两个相邻波峰之间的水平距离。

波浪顶部的水移动得比较快。

顶端破碎

前一个波浪回流的海水。

开放的水域中，波中的海水呈圆圈滚，不向前也不向旁运动。

海洋中越深的地方，海浪越小。

抬升的海床会影响海水的滚动，并减缓波底的速度。

当两个波峰距离越来越近时，后一个波峰将直接覆盖在前一个波底上。

造浪与碎波

当波浪到达浅一些的水域时，它们会变得更高、速度更快，最终在顶端卷曲或破碎形成一片碎波。

波浪中作乐

冲浪者们可以借助冲浪板、帆板或水上风筝，像海豚那样在波浪中施展出高超的技巧，达到速度和高度的极致。

飓风

这片耸立在空中的乌云预示着飓风的来临。飓风是在温暖的海水之上形成的剧烈风暴。在北大西洋，每年有大约十场飓风。大多数飓风向西推动，它们的风速甚至超过每小时119千米，给加勒比海和墨西哥湾周围区域造成巨大的损失。

海洋的边际 [富饶的海岸]

没有任何两个海岸是相同的。从高耸陡峭的悬崖，到错综复杂的巨石，再到平坦的沙滩，每个海岸的构成取决于陆地上的岩石类型和海洋上的风、浪、海流和浪潮等的影响。一场剧烈的暴风可以摧毁峭壁，堆积起巨石，冲走海沙，甚至在一夜之间改变整个海岸的面貌。

沙滩的结构

风和海水每天都改变着沙滩的样子。但沙滩的基本结构是不变的，沙滩通常会在高潮线附近有一个沿岸堤（滩脊），紧挨着沿岸堤的斜坡叫作滩面（坡），而在常被波浪冲击的地方会形成一个潮滩，平台再往下就是低潮线了。

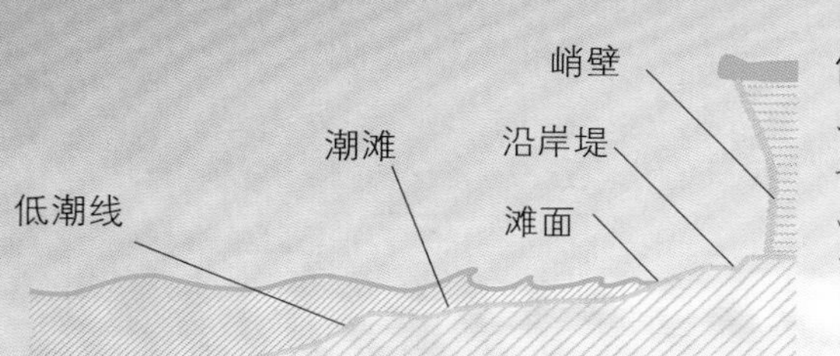

侧视图
滩面的角度部分取决于波浪的强度和海流冲击的频率。

海潮是什么？

每天，海平面会沿着海岸上升和下降两次，这种周期性的涨落现象称为潮汐。当海水涨至最高点时为高潮，反之为低潮。

潮汐的产生
潮汐是由月球引力引起的，这种力会提升地球面向月球部分的海水高度。

水位

图中展示的是同一个地方在低潮和高潮时完全不同的样子。

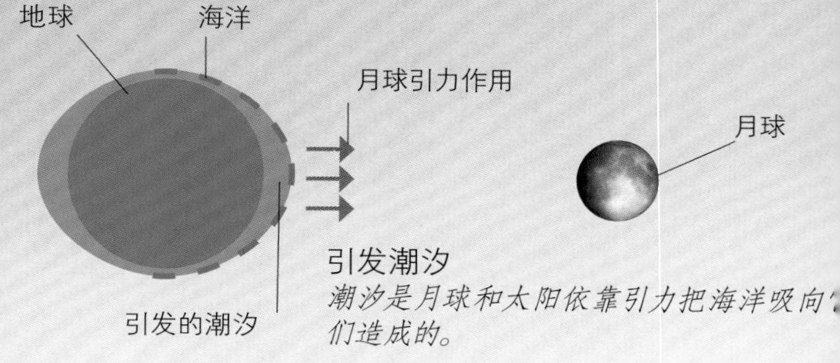

引发潮汐
潮汐是月球和太阳依靠引力把海洋吸向它们造成的。

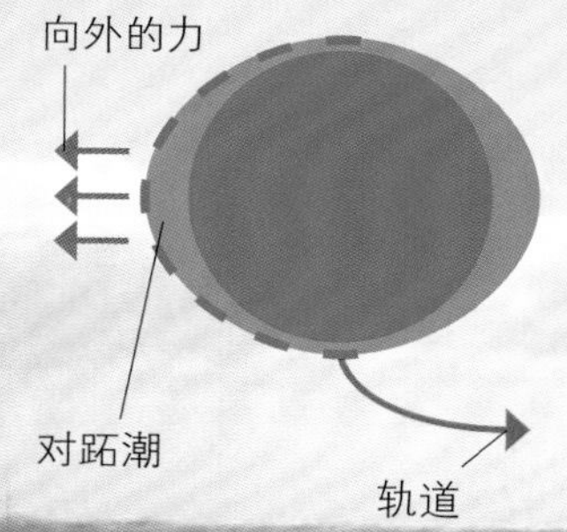

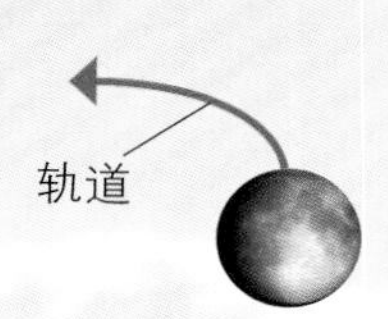

对跖潮
当引力引发潮汐时，地球的另一面相应会产生对跖潮，它是由地球沿曲线轨道运动所产生的向外作用力造成的。

沙是什么

一般而言，沙子是由小粒的石英矿组成的，但是它也包含岩石和贝壳受海水冲击形成的小颗粒。大一点儿的沙石被称为砾石或鹅卵石。

沙粒

黏黏的沙子

一些矿物质能使沙子呈现出不同的颜色。而水可以使细小的沙粒粘在一起，成为建筑城堡的好材料。

位于加利福尼亚州圣地亚哥的巨大沙雕城堡

惊人的沙滩

世界上有各种各样的沙滩，比如点缀着彩色贝壳的热带沙滩，以及难以光脚行走的石头沙滩等。

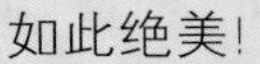

如此之长！

孟加拉的科克斯巴扎尔海滩长度超过120千米。

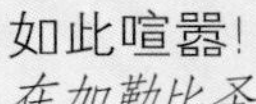

如此绝美！

澳大利亚新南威尔斯的海厄姆海沙滩拥有世界上颜色最白的沙子。

如此喧嚣！

在加勒比圣马丁的朱莉安娜公主机场的飞机跑道尽头是一片沙滩。

更多信息

《珊瑚岛》
[英]罗伯特·迈克尔·巴兰坦/著

《DK探索·蓝色海洋》
[英]约翰·伍德沃德/著

博特尼湾，澳大利亚
塞舌尔 威基基海滩，夏威夷
坎昆，墨西哥

组织一次清洁沙滩活动，清除掉碎玻璃等可能伤害人和野生动物的危险品，也许你还会找到冲到海滩上的珍宝哟。

不要在沙丘上行走！沙丘可以使沙滩少受风和海水的侵蚀。
不要乱扔垃圾！塑料袋、钓鱼线和其他许多垃圾都能杀死野生生物。

小潮：最高低潮和最低高潮，当太阳、月球和地球不在一条线上时，就会发生这种情况。

春潮：春潮和春季无关。它是指最高高潮和最低低潮。当太阳和月球在同一方向上一起引发潮水时，就会出现这种现象。

* 哪片海洋拥有最大的岛屿?
* 谁曾在海上行走?
* 喷发的火山是如何造岛的?

世界上的海洋

地球上的大洋 [五大洋]

地球上有五大洋：太平洋、大西洋、印度洋、北冰洋和南大洋。其中太平洋最大，几乎和其他所有大洋和海的总和一样大。大多数大洋都被大陆所环绕，但南大洋与另外三大洋交汇。

编者注：我们一般认为是“四大洋”，并未含“南大洋”，而南大洋本身也是由三大洋的南部交汇在一起形成的。对此划分方式，全球并无定论。

五大洋

每一片大洋的边缘都包含有海、海峡或海湾，例如加勒比海就位于大西洋西部。大西洋只有太平洋的三分之二大小，但是大西洋所接纳的入海河流的流域面积是太平洋的四倍。

编者注：当将地球上的大洋分为五大洋时，大西洋的面积是太平洋的三分之二；如果按四大洋划分，那么大西洋的面积是太平洋的二分之一。

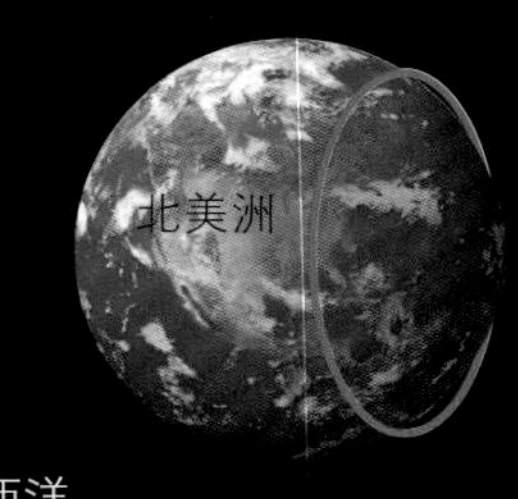

大西洋

大西洋信息

面积	106,400,000平方千米
最大深度	8,380米
中纬度处最低温度	-2℃

大西洋

世界第二大洋。大西洋上的岛屿比其他大洋少，但它邻接很多大海，例如地中海。大西洋上常常爆发巨大且有破坏性的暴风雨，被称作飓风（有时也称作热带气旋）。

繁忙的贸易

巨大的货船穿越大西洋，往返于美洲、欧洲和非洲之间，运载着世界上几乎一半的原材料，包括石油、矿石和工业产品等。

印度洋

大部分印度洋的水域较为温暖，且为避风水域，因此很多岛屿国家坐落在印度洋上，例如马尔代夫、马达加斯加、斯里兰卡等。全世界约40%的海洋石油来自印度洋。

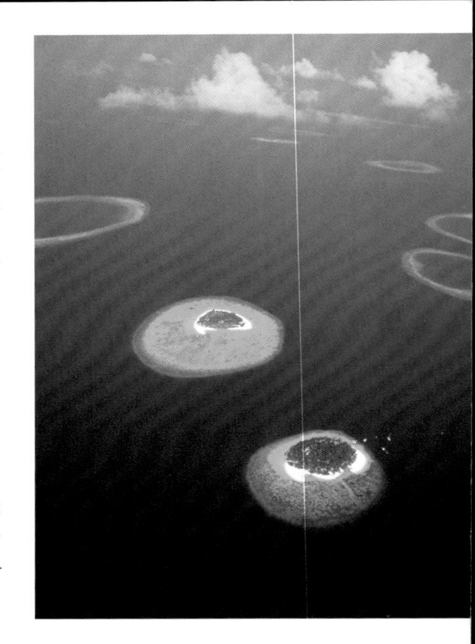

珊瑚岛

珊瑚喜欢印度洋温暖而平静的环境，它们在这里生存了数千年，形成了巨大的岩石礁和岛屿。

太平洋

太平洋几乎覆盖了地球表面积的三分之一。它拥有2万多个岛屿，超过了其他大洋所有岛屿的总和。尽管名字是“太平”，但太平洋和大西洋一样会时常迎来剧烈的暴风雨。

厄尔尼诺

这是一个气候现象，大约每五年在太平洋热带区域发生一次。它的发生伴随着西太平洋的高气压，同时将引起巨浪。右图就是在夏威夷拍摄的巨浪。

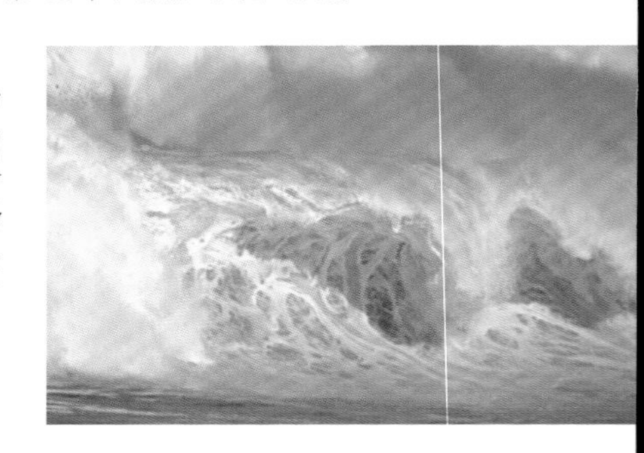

太平洋

太平洋信息

面积	165,200,000平方千米
最大深度	10,911米
中纬度处最低温度	0℃

印度洋

印度洋信息

面积	73,556,000平方千米
最大深度	7,258米
北部最低海水温度	22℃
南部最低海水温度	-1℃

南大洋

南大洋信息

面积	20,327,000平方千米
最大深度	7,235米
最低海水温度	-2℃

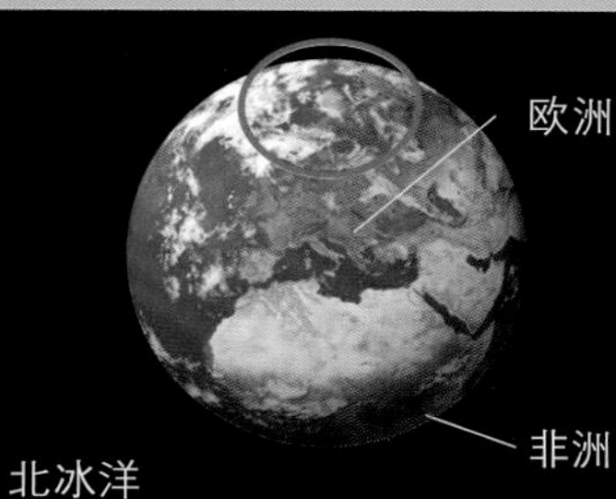

北冰洋

北冰洋信息

面积	14,056,000平方千米
最大深度	5,450米
最低海水温度	-1.8℃

南大洋

南大洋并不是一个完全开敞的海域。冬天，大片的冰盖由南极大陆附近向海中扩张，并在海面上漂浮。有时超大块的冰盖会断裂入海成为冰山。

抗寒

自然状态下，企鹅只在南半球生存。左图中这些阿德利企鹅享用完磷虾后，正在层层叠叠的破碎海冰层上休息，它们的身后是南极巨大的冰崖。

北冰洋

北冰洋是五大洋里最小、最浅的。它通过两条通道连接其他大洋，经由俄罗斯和美国阿拉斯加之间的通道连接太平洋，经由格陵兰岛和欧洲北部的通道连接大西洋。其他海域都与陆地相连。

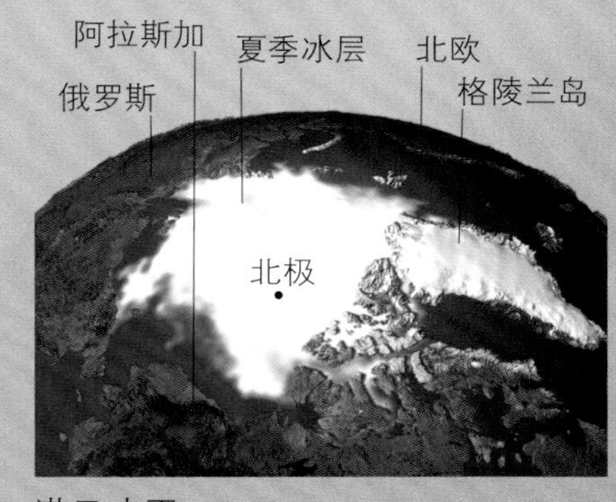

满目冰雪

冬季的大部分时间里，北冰洋几乎完全被浮冰(3米~4米厚)覆盖。夏季，陆缘周围的冰层又会融化，从陆地向海退缩，如上图所示。

太平洋火环

太平洋火环是一个围绕在太平洋周围的经常发生火山和地震的环状地带，全长约40000千米，呈马蹄形。这里频繁的地震会撼动海底，活跃的火山会喷发熔岩，左图就是夏威夷沿岸火山喷发时的景象。太平洋火环上有425座活火山，几乎占世界活火山和休眠火山总数的75%。

海上的岛屿

岛屿是比大陆小的陆地，四周被海水环绕。在靠近两极的高纬度地区，海岛上水冷风急。而太平洋和印度洋的岛屿以及一些大西洋岛屿则温暖且阳光明媚，舒适的环境使得这些岛屿成为许多珍稀物种唯一的栖息地。

岛屿的类型

一些岛屿是大陆周边的高山，因为海水淹没了它们之间的低地势区域才形成岛屿。还有些岛屿是珊瑚礁、海底山脉或是海底火山喷发堆积露出海面的一角形成的。

"70岛（七零岛）"，帕劳的标识
这群珊瑚岛被依法保护了50多年。

一座岛屿诞生了

大多数新岛屿的形成源于火山爆发或地震。1963年，位于北大西洋中冰岛南部的叙尔特赛岛就是一座火山喷发后形成的小岛。

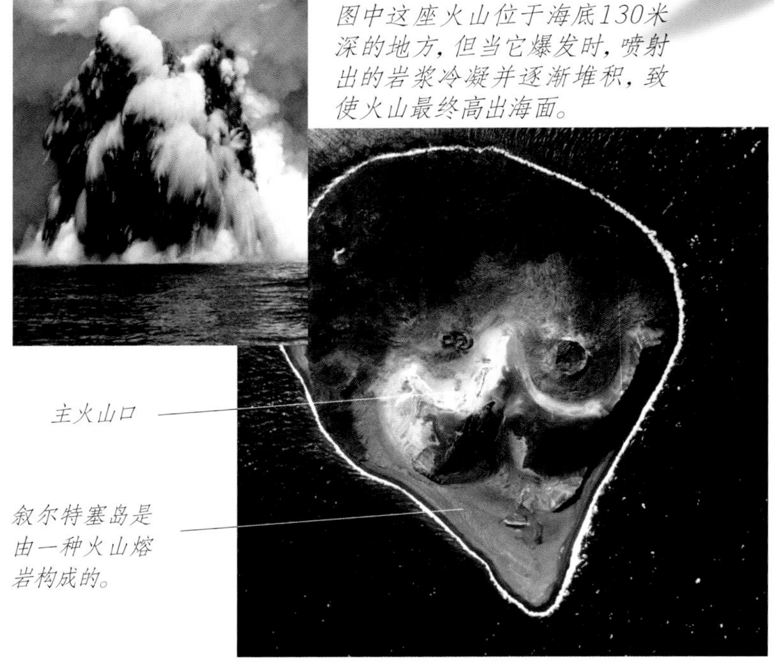

主火山口
叙尔特塞岛是由一种火山熔岩构成的。

喷发初期
图中这座火山位于海底130米深的地方，但当它爆发时，喷射出的岩浆冷凝并逐渐堆积，致使火山最终高出海面。

一切都安静了
叙尔特塞火山现在已经不再喷发。目前，该岛屿面积约有1.4平方千米，岛上现在生长着一些植物和动物。然而随着风浪的侵蚀，科学家预计，这一岛屿也许会在2150年从世界上消失。

独一无二的岛屿珍宝
一些岛屿上有着独特的动物和植物。例如图中的这只尾巴上有环形花纹的狐猴只生活在马达加斯加岛上。

非凡的岛屿

海洋里有超过10万座岛屿。每座岛屿都有其特别之处，无论是天气还是岛上的生物都不尽相同。与大陆相距最遥远的岛屿是南大西洋的布韦岛，离它最近的有居民大陆块是南非，两者之间的距离超过了2580千米。

最大的和最小的岛屿

世界上最大的岛屿——格陵兰岛位于北冰洋和大西洋之间，面积约216.6万平方千米，是美国得克萨斯州面积的三倍。英国西南部的毕晓普岩是世界上最小的岛屿，全岛只有一座建筑。

最大的岛屿：格陵兰岛

最小的岛屿：毕晓普岩

距离两极最近的岛屿

在1900年，美国探险者罗伯特·皮里发现了格陵兰岛附近的卡弗克卢本岛，这座岛屿是距离北极最近的岛屿。在南半球，被冰层完全覆盖的伯克纳岛是距离南极最近的岛屿。

罗伯特·皮里

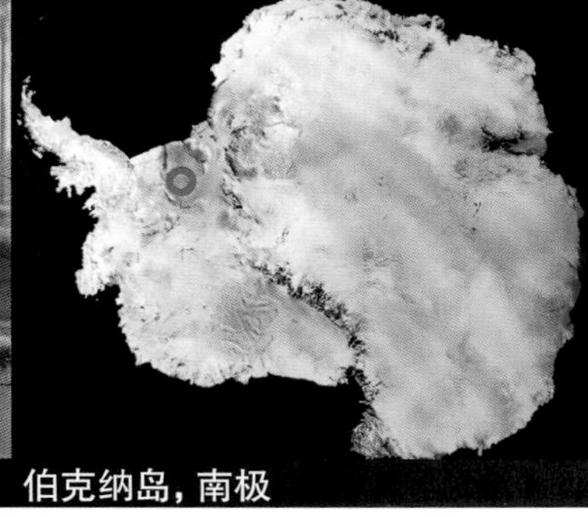

伯克纳岛，南极

最年长与最年幼的岛屿

大约9000万年前，马达加斯加岛漂离非洲大陆。日本附近的一座海底火山每几年就会形成一些临时岛屿，最近的一次发生在1986年。

猴面包树，马达加斯加

福德冈之场火山

香港

惊人的岛屿

1. 世界上大约十分之一的人生活在岛屿上。英语中甚至有一个词专门用来形容岛屿的巨大魅力——“岛狂热”。
2. 香港在粤语中的意思是“有香味的岛屿”。这个名字的由来也许跟过去香港岛港口周围囤积的大量香料有关，这些香料随时准备出口。
3. 夏威夷的大岛是美国最大的岛屿。
4. 格陵兰岛是在10世纪时被维京海盗发现的。人们相信他们把这个岛称作格陵兰岛（Greenland，绿色的岛屿）是为了吸引定居者。
5. 哥伦比亚沿海的圣克鲁斯岛是世界上最拥挤的岛屿——0.1平方千米的岛屿上生活着1247人。
6. 曼哈顿岛上的中国城是中国境外最大的华人社区。

更多信息

《金银岛》
[英]罗伯特·路易斯·史蒂文森/著

《鲁滨孙漂流记》
[美]丹尼尔·笛福/著

火山 硫磺岛 环礁
加拉帕戈斯群岛 堰洲岛
复活节岛 岛链

游览离你最近的岛屿，它可能位于河里或是湖心。
看看夏威夷希洛的活火山。
去纽约的爱丽丝岛研究一下美国的移民史。
参观加利佛尼亚州圣克鲁斯的海蚀洞。

群岛：聚集在一起的岛屿群体。

环礁：一种围绕着一片潟湖的环状珊瑚礁岛。

堤道：一种像桥一样的通道、公路或铁路，一般位于大陆和附近岛屿之间的水面之上。

荒岛：没有任何生物栖息的岛屿。

莫图斯（波西米亚语“Motus”的音译）：围绕在珊瑚礁主岛的微小的岛和小片的珊瑚礁。

穿越海洋

大约五万年前，首位长途航海家乘竹筏漂流，拉开了世界航海的序幕。人类正式出海航行大概始于5000年前的地中海。在15世纪的时候，勇敢的探险者向西航行，穿越广阔的海洋去寻找新大陆。他们带回了大量的金银珠宝，并开启了胡椒等香料的贸易路线，这些香料在当时的欧洲很稀缺。

航线标识：麦哲伦、埃里克森、郑和、库克、哥伦布

格陵兰岛

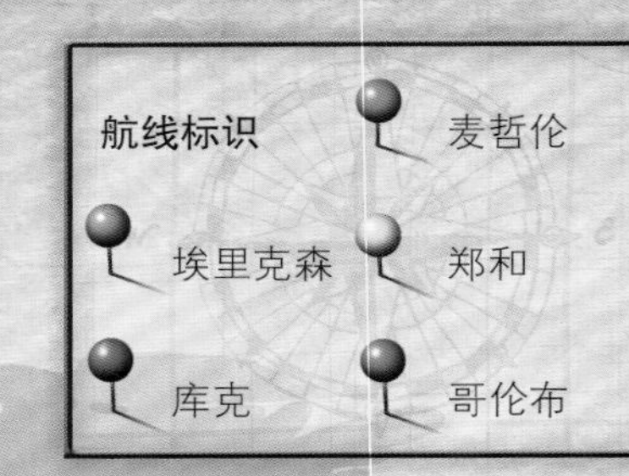

莱弗·埃里克森

冰岛人埃里克森先于哥伦布500年到达了北美洲。

巴芬岛（公元1002年）

冰岛

戈德港（公元1001年）

北美洲

纽芬兰（公元1003年）

普利茅斯（1768年）

早期探索者

人们曾经依靠从海洋中捕鱼获取食物。随着航船、船桨、船帆等工具不断发展进步，人们开始到离岸更远的地方探险。许多岛屿文化都源于悠久的航海历史，尤其是穿越太平洋的经历。

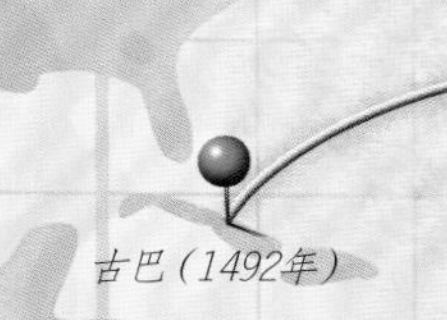

波利尼亚人

是一群来自新几内亚，乘着小船“跳跃过岛屿”，移居到南太平洋的岛屿上的人。

古巴（1492年）

克里斯托弗·哥伦布

这位意大利探险家想向西航海到达印度等东方世界国家。1492年10月，他发现了“新大陆”。

佛得角（1519年）

“追随着太阳的光辉，我们离开了旧世界。”

——克里斯托弗·哥伦布

大西洋

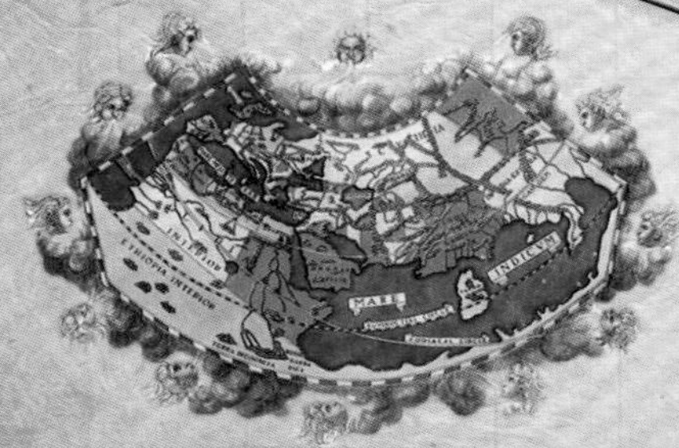

托勒密绘制的世界地图，公元150年

南美洲

地平说

航行到世界的边界就会掉进一只巨龙嘴里的故事，让人们闻之战栗了数百年。直到葡萄牙人费迪南·麦哲伦环游了世界（1519年—1522年），才用事实证明了地球是圆的。

合恩角（1520年）

费迪南·麦哲伦

“维多利亚”号是麦哲伦远征中唯一一艘回到西班牙的航船，而麦哲伦最终未能随船返回，这位杰出的探险家在菲律宾不幸遇难。

探索北冰洋

北冰洋几乎是一片冰封的海洋。从1893年到1896年，挪威人弗里乔夫·南森曾多次试图驾驶他的“弗兰姆”号航船穿过浮冰到达北极。但是，船始终未能如他所愿抵达目的地。不过，南森还是依靠徒步和滑雪探索了整个北极。

东印度公司

许多欧洲国家建立了贸易公司，把印度、东南亚（东印度群岛）和中国的丝绸、香料、宝石以及珍贵的金属等通过船只运回自己的国家。

荷兰东印度公司：

运营时间	1602年—1798年
主要港口	雅加达
主要贸易	香料
舰队规模	多达4000人

东印度公司（英国）

运营时间	1600年—1874年
主要港口	金奈
主要贸易	香料、纺织品、茶叶
舰队规模	超过2000人

有些公司发展得很强大，就像国家一样：能够侵略并占领土地，可以制定法律、建立监狱，并有权杀死罪犯。他们还拥有自己的海盗舰队。

东印度大帆船

俄罗斯

亚洲

中国

印度

刘家港（1430年）

霍尔木兹海峡（1431年）

榜葛剌（1427年）

锡兰（1431年）

雅加达和苏门答腊岛（1770年）

马林迪（1414年）

印度洋

郑和

1405年—1433年间，海上将军郑和七次率领船队从中国出发展开远航。

指南针

这种具有一根活动磁针的指南针可以帮助早期的航海者更精确地判定航行方向。

澳大利亚

太平洋

（1771年）

植物学湾（1770年）

杨尼克斯角，新西兰（1769年）

南极

1820年，法捷伊·法捷耶维奇·别林斯高晋第一次发现了这片冰冻的大陆。1932年，斯坦利·坎普首次穿过布满浮冰的海水环绕南极航行。

詹姆斯·库克

库克船长在1768年—1779年间，乘着他的“奋进”号航船从英国的约克郡出发进行了三次长途旅行。他绘制了南太平洋大部分区域的地图，其中还包括澳大利亚东海岸。（左图为“奋进”号航船的仿制品。）

南大洋

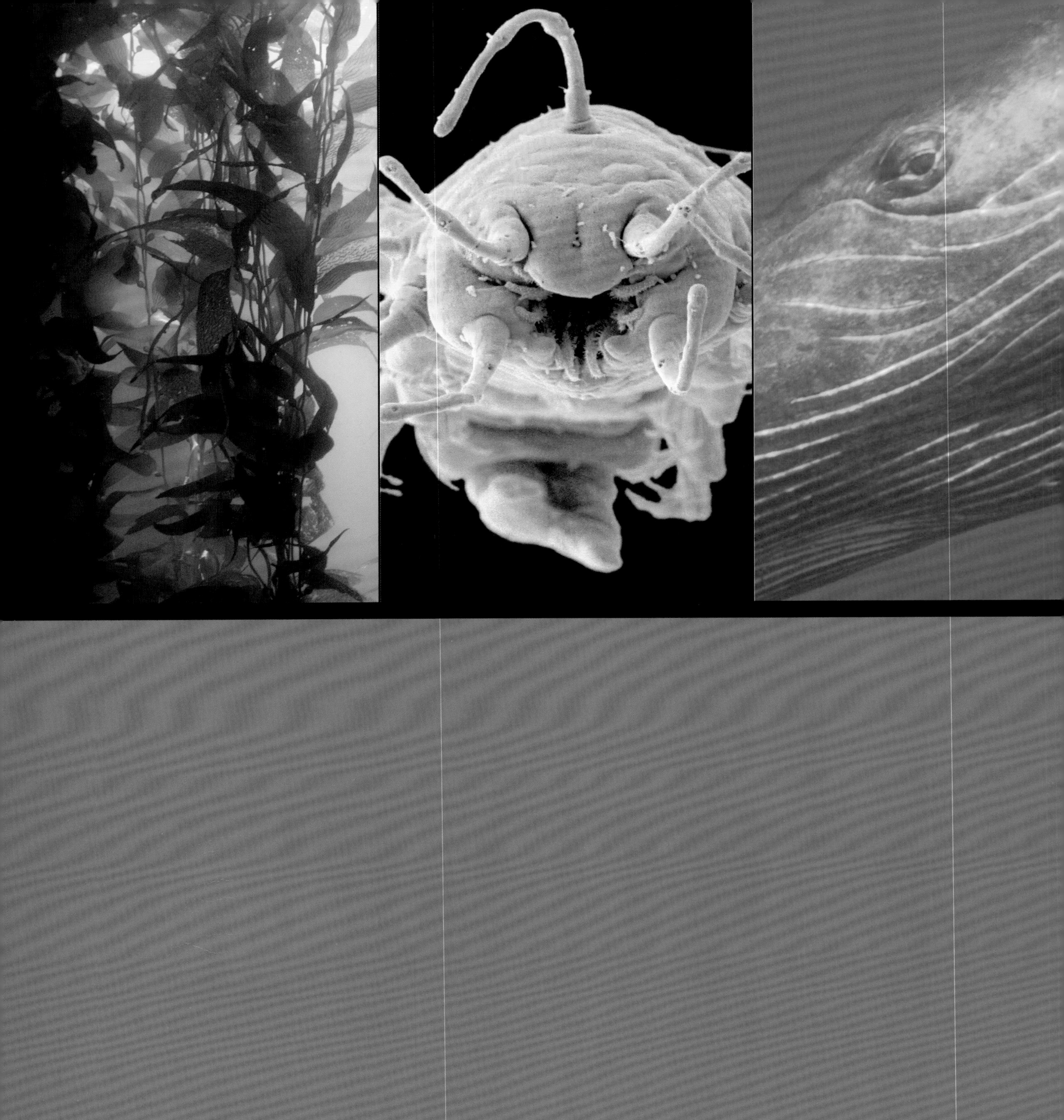

* 哪种森林每天增长45厘米?
* 哪一种生物使沙地保持干净?
* 海洋中最大的动物是什么?

生物的种类 [海里有什么生物?]

海洋中充满了各种生物，从极其微小、肉眼不可见的微生物到世界上最大的动物——蓝鲸，种类繁多。一些生物很寻常，比如海草和海豚，还有许多生物稀奇古怪，比如黏滑的胶状生物和长有硬壳的贝类。在海浪下面，仍有许多需要探索发现的生物。

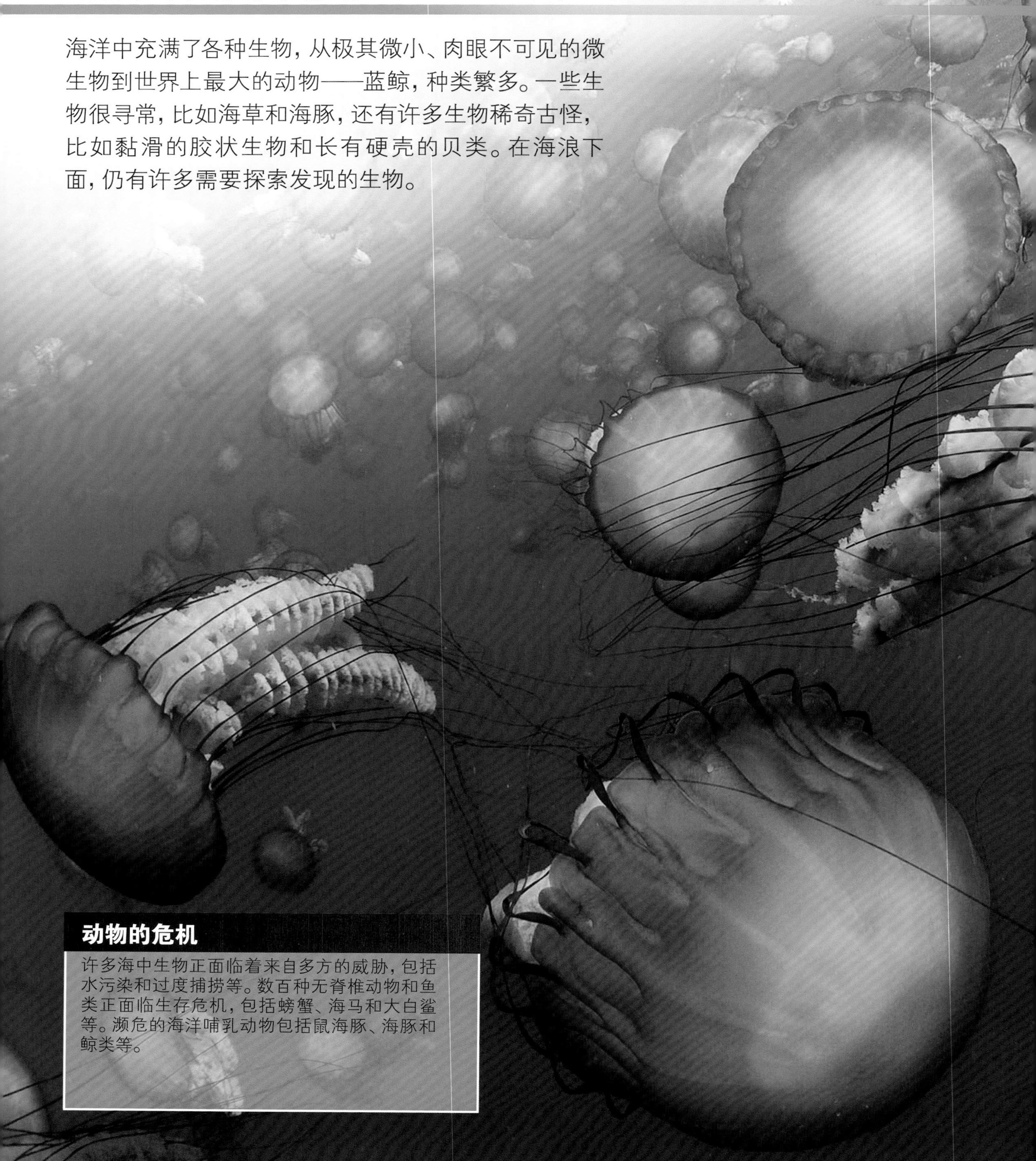

动物的危机

许多海中生物正面临着来自多方的威胁，包括水污染和过度捕捞等。数百种无脊椎动物和鱼类正面临生存危机，包括螃蟹、海马和大白鲨等。濒危的海洋哺乳动物包括鼠海豚、海豚和鲸类等。

海中的生物

地球上的许多物种依靠海洋生存。海洋生物主要被分为以下几大类：植物、微生物和动物。其中，动物又可分为无脊椎动物，以及脊椎动物中的鱼类、爬行类、鸟类和哺乳类动物等。植物从太阳吸收能量以维持自身生长，动物以植物或其他动物为食，或杂食。陆生生物中最常见的昆虫在海中或广阔大洋中很少见到，因为它们中只有很少的一部分可以适应海水中的盐分。

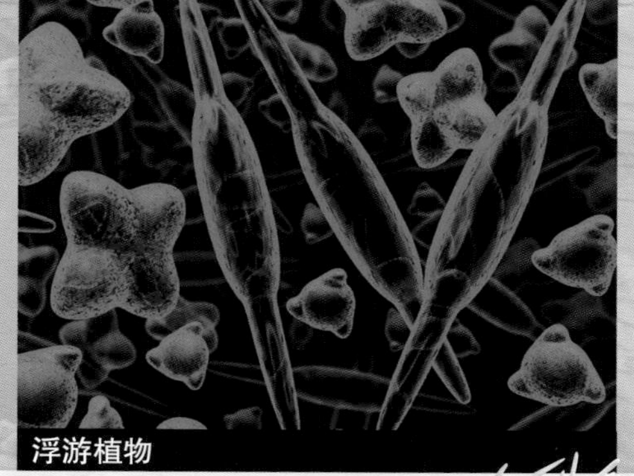

浮游植物

浮游生物

许多海洋植物比英文字母"i"上的那个点还要小。它们被称作浮游植物，是同样微小的生物——浮游动物的美食。浮游生物的体形从小到大都有。

植物

海洋里最大的植物是海草，也叫海藻。其中最大的是巨藻，它们可以长到80多米长，每天可以生长45厘米左右。它们形成的茂密"森林"是许多动物的家。

巨藻林

无脊椎动物

这些动物通常没有内部骨骼或脊柱。它们大多身体柔软、黏糊糊的，比如水母、海葵、海蠕虫、乌贼、章鱼和海蛞蝓。但它们中还有一类水生有壳类动物，比如螃蟹和龙虾，它们的身体外长有硬壳。

海葵

鱼

大多数的鱼有用来游泳的鱼鳍和尾巴。它们在水下靠鳃来吸入氧气，呼出二氧化碳。有些鱼，例如鲨鱼，颜色灰暗，而其他的鱼色泽鲜艳。

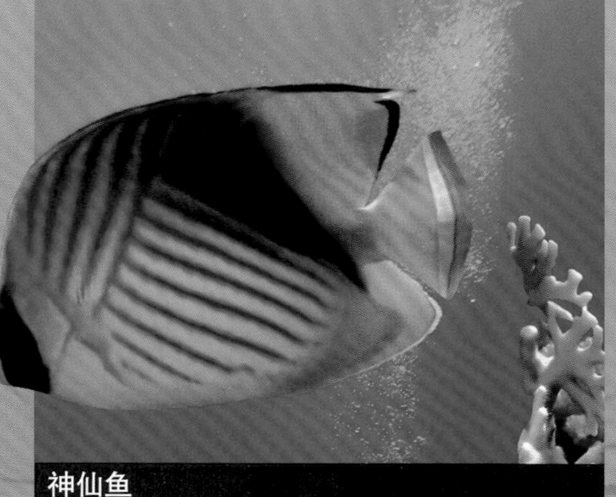

神仙鱼

爬行动物

海里主要的爬行动物是海龟和海蛇，它们常会游到水面上呼吸。海鬣蜥是唯一生活在海里的蜥蜴。咸水鳄是另一类海栖动物。

绿海龟

哺乳动物

哺乳动物是恒温动物，靠肺呼吸。长年栖息在水中的哺乳动物有80多种，包括鲸、海豚、海牛和儒艮等。海豹和海狮平时在水里捕食，但是在陆地上哺育后代。

海豚

海鸟

从巨大的信天翁到色彩鲜艳的海鹦，海鸟有上百个品种。它们在海上飞翔，并在海洋里捕食，它们主要以鱼、乌贼和其他在海面附近活动的动物为食。企鹅是一种不会飞的海鸟，但是和海鹦一样，捕食后，它们会扑扇着翅膀滑过水面。

海鹦

食物网 [取食关系]

能量链

阳光是地球上生物能量的主要来源。海洋植物利用阳光为自身生长提供养料。这些植物是一些动物的食物，这些动物又会被其他动物吃掉，能量就这样一次次地传递。

太阳

太阳照耀在海面上，给食物链提供能源。

浮游植物

微小的浮游植物，例如硅藻，从阳光获取能量，然后利用光能生存、生长和繁育。

磷虾

这些像虾一样的动物通过滤食水中的浮游植物为生，它们以这种方式吸收那些曾经是光能的能量。

巨鲸

磷虾以浮游生物为食，巨鲸以磷虾为食。至此，光能传递到了食物链的第三层。

大多数海洋生物有自己偏爱的食物，同时，它们自己也是更大、更强的动物们的“盘中餐”。能量就这样从一个动物传递给另一个动物，形成了一条食物链，多条食物链整合在一起构成食物网。在这个食物网中，同一生态系统下，许多生物的食物不止一种。

南极食物网

这里展示了一些南大洋里的食物链。沿着箭头的指向看看什么动物以浮游植物为食，这些动物又是什么动物的食物，以此类推，直到找到最强大的捕食者。图中箭头展示了食物网内能量和营养的传递过程。

草食性浮游动物

一些浮游动物（微小的漂浮着的动物）以浮游植物为食。

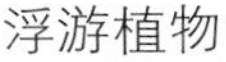

乌贼

这些活跃的捕食者追逐猎食多种猎物，从浮游动物到鱼都能成为它们的美餐。

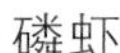

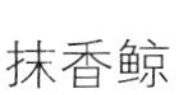

抹香鲸

这一类世界上最庞大的捕食者，喜欢吃各种乌贼，甚至是巨型乌贼，还有章鱼和鳐。

企鹅

有些企鹅爱吃鱼，有些则偏爱磷虾。

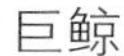

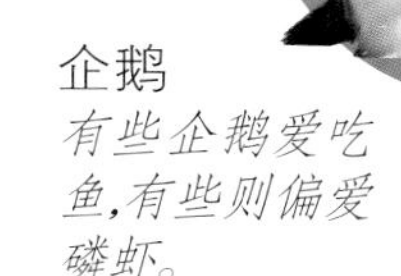

象海豹

这些巨大的猎手以乌贼和鱼为食（偶尔甚至以企鹅为食）。

食物网危机

食物网中的任一部分受到破坏，其他部分也将面临危机。磷虾的数量在过去几年减少了80%，随之而来的是以磷虾为食的动物数量也可能因此减少。

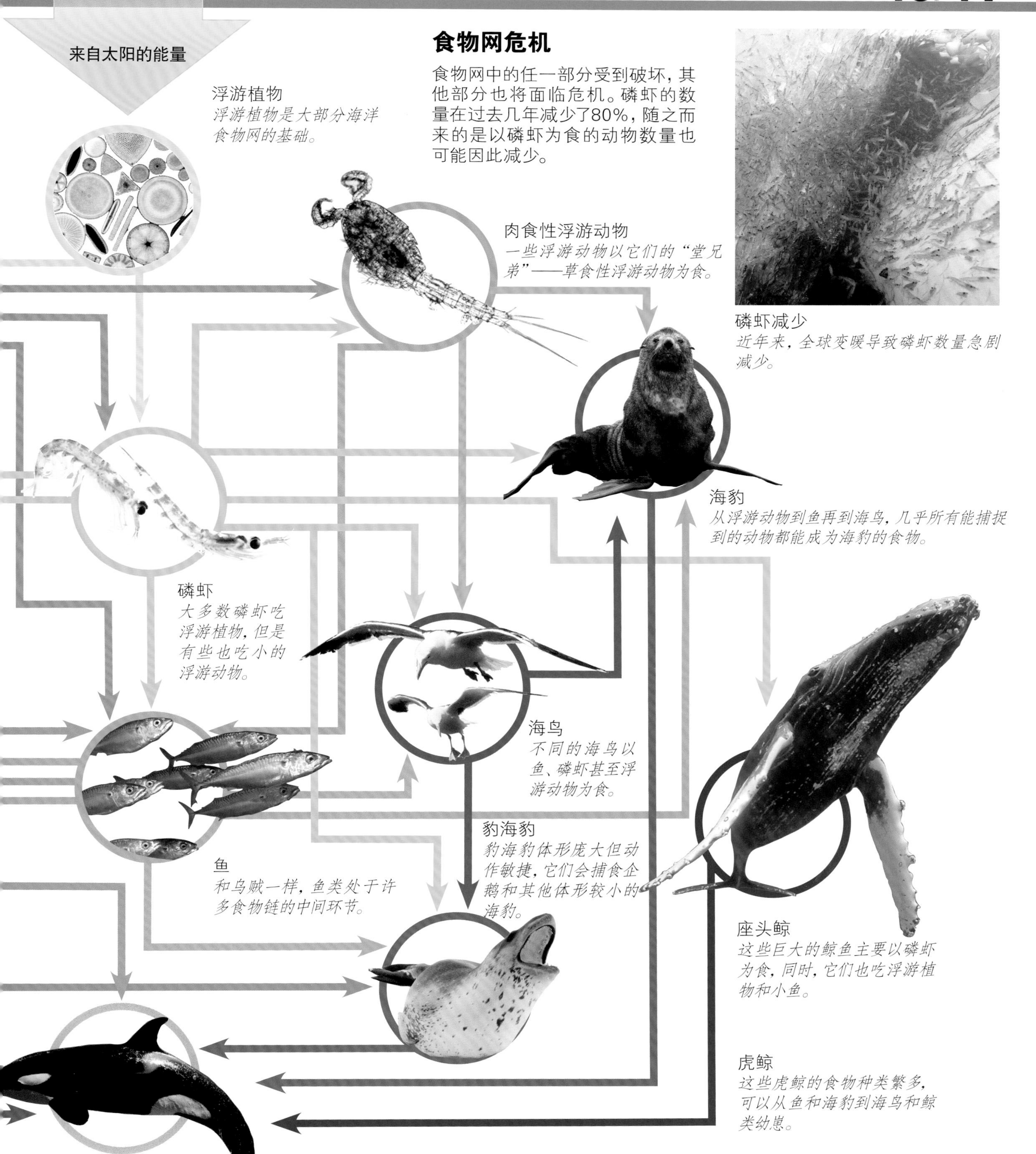

浮游植物
浮游植物是大部分海洋食物网的基础。

肉食性浮游动物
一些浮游动物以它们的“堂兄弟”——草食性浮游动物为食。

磷虾减少
近年来，全球变暖导致磷虾数量急剧减少。

海豹
从浮游动物到鱼再到海鸟，几乎所有能捕捉到的动物都能成为海豹的食物。

磷虾
大多数磷虾吃浮游植物，但是有些也吃小的浮游动物。

海鸟
不同的海鸟以鱼、磷虾甚至浮游动物为食。

豹海豹
豹海豹体形庞大但动作敏捷，它们会捕食企鹅和其他体形较小的海豹。

鱼
和乌贼一样，鱼类处于许多食物链的中间环节。

座头鲸
这些巨大的鲸鱼主要以磷虾为食，同时，它们也吃浮游植物和小鱼。

虎鲸
这些虎鲸的食物种类繁多，可以从鱼和海豹到海鸟和鲸类幼崽。

沙生生物 [进进出出的生物]

当潮水从沙滩退去，潮湿的沙滩看起来光秃秃的，毫无生趣。但是如果你仔细观察，你就会发现沙滩上有很多小孔、波浪线和地洞，这表明有许多蠕虫、贝类和其他生物就生活在其下，隐藏在沙粒中。

酷酷的家
这个孔通往螃蟹安全的洞穴，通道最深可达1.2米。

沙滩表面

从小小的苍蝇和硬壳蟹到高挑的涉禽，许多动物会在沙滩上挖洞，捕食隐藏在沙子下面的食物。而沙丘上的滨草可以有效防止沙丘被风吹走。

寄居蟹

鲎（马蹄蟹）

滨草

食虫虻

灰斑鸻

沙丘鹤

全世界的沙滩上约有 7.5×10^{19} 粒沙子。

沙蟹

沙蟹是灰色的，喜欢夜行。每到夜晚，成千上万的沙蟹在温暖的沙滩上疾行。它们几乎什么都吃，从死鱼到烂水草，几乎都可以成为它们的食物。它们互相挥舞着钳子，推搡着争夺沙滩上最好的洞穴。

沙中世界

从大型贝类到小小的微虫，沙中满是生命。一些生物会被海水冲上沙滩，而沙滩上的一些生物会趁退潮时将洞穴继续挖深。微虫则在海水的冲刷中获得食物和清洁。

竹蛏

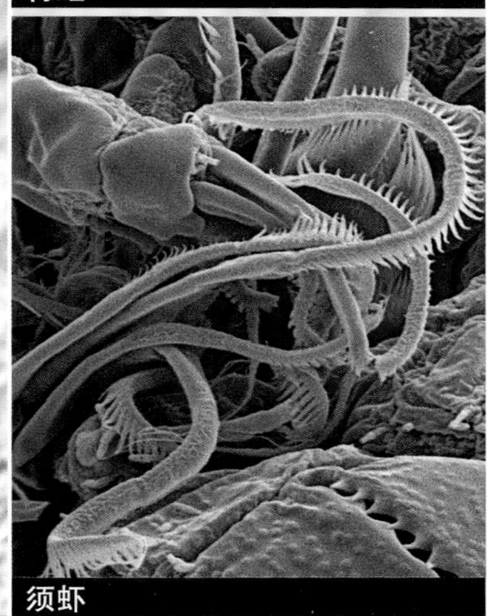

须虾

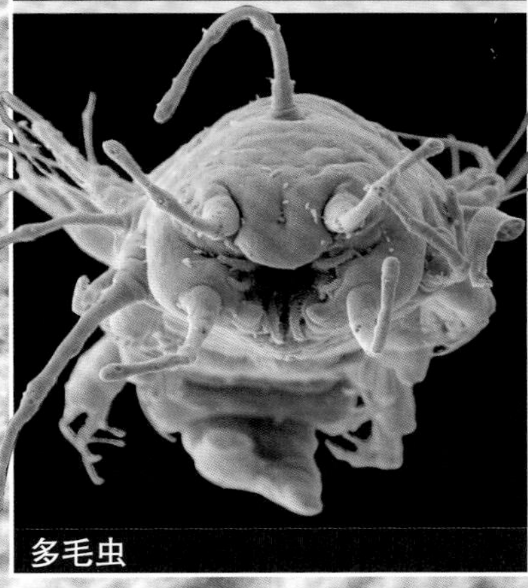

多毛虫

为产蛋做好准备

一只绿海龟拍打着鳍肢，像鸟儿扑扇翅膀一样，"翱翔"在西太平洋沙质海床上方。当夜幕降临，这只母海龟将登上沙滩，在用鳍肢挖的洞中产下上百个卵，用沙子把蛋盖好后便游回海中。然而为了获取龟壳、龟肉和海龟蛋，大量的非法猎杀海龟的行为对海龟筑巢产卵的海滩造成了严重破坏，更让很多海龟和它的宝宝们难以存活。

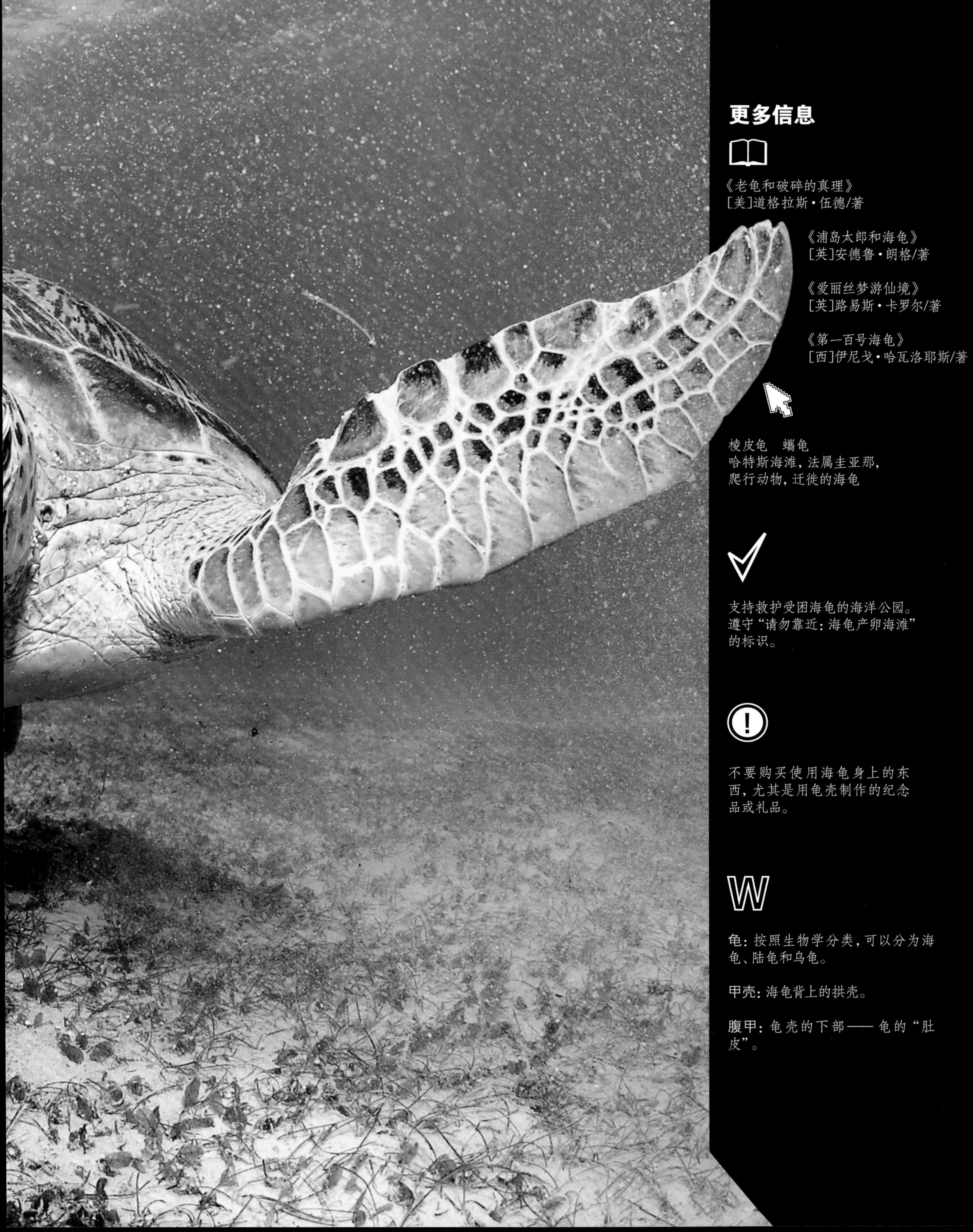

更多信息

《老龟和破碎的真理》
[美]道格拉斯·伍德/著

《浦岛太郎和海龟》
[英]安德鲁·朗格/著

《爱丽丝梦游仙境》
[英]路易斯·卡罗尔/著

《第一百号海龟》
[西]伊尼戈·哈瓦洛耶斯/著

棱皮龟　蠵龟
哈特斯海滩，法属圭亚那，
爬行动物，迁徙的海龟

支持救护受困海龟的海洋公园。遵守“请勿靠近：海龟产卵海滩”的标识。

不要购买使用海龟身上的东西，尤其是用龟壳制作的纪念品或礼品。

W

龟：按照生物学分类，可以分为海龟、陆龟和乌龟。

甲壳：海龟背上的拱壳。

腹甲：龟壳的下部——龟的“肚皮”。

砾石岸滩生物［附着］

砾石岸滩，是一种由岩石和巨石构成的恶劣的生存环境。巨浪的冲击、滚动的岩石和巨石块、永不间断的潮水把滚滚海水冲到岸上，岸上的动物不得不在炎炎烈日下生活在干燥的高处。在这里，海草需要具有皮革般强韧的质地，动物需要厚实的皮肤和灵敏的反应以躲避伤害。

海草

许多海草（有时也叫海藻）附着于岩石表面生长，它们像根一样的基部被称作固着器。有了固着器，即使巨大的海浪把它们冲散，它们也能迅速长回原来的样子。

墨角藻

这种海草最早发现于大西洋和太平洋海域，是碘的原始来源。

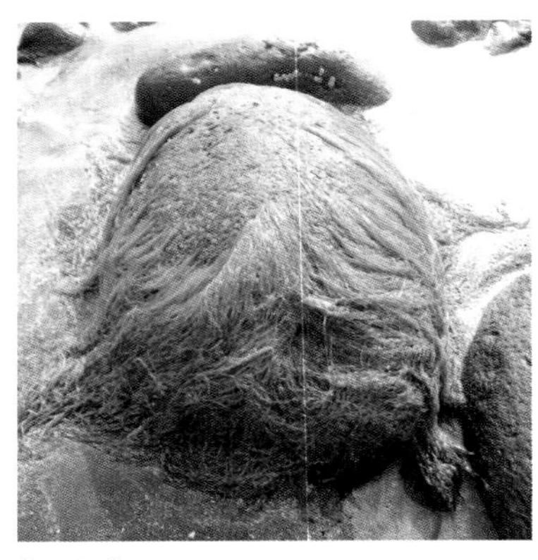

绿毛藻

这种海草鲜亮的绿色源于一种叫叶绿素的色素。

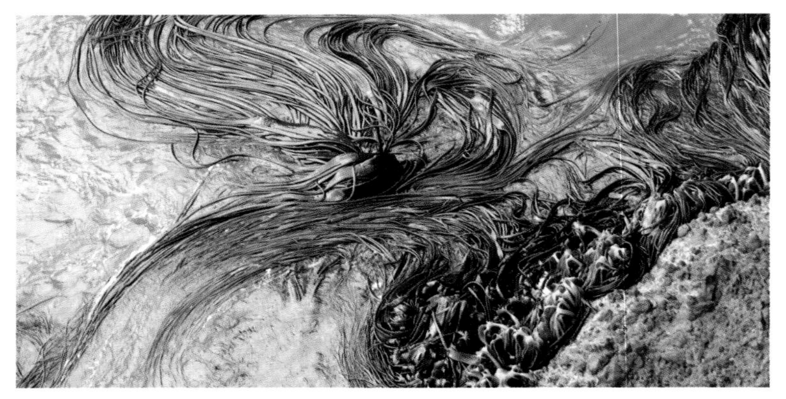

条藻

这种海草可以食用，你可以在裸露的海岸上找到它，但它们最多只能存活两到三年。

岩石上

动物之所以选择在坚硬的砾石岸滩生活，主要是因为在临近的海里有足够的食物。有些鸟儿在高高的空中盘旋，然后猛地一头扎入水中捉鱼、乌贼和其他类似的生物等，与此同时，另一些动物以啄食被海水冲上岸的动物尸体为生。

岩池

和宽广的大海一样，这个岩池的迷你世界里也生存着凶悍的捕食者和胆战心惊的猎物。每次涨潮意味着潭水的更新，也意味着会带来更多的食物。

海葵

左图和上图中的海葵是小型生物的猎捕者。上图中那只在岩石上攀爬的小红虾正身处极大的危险中！

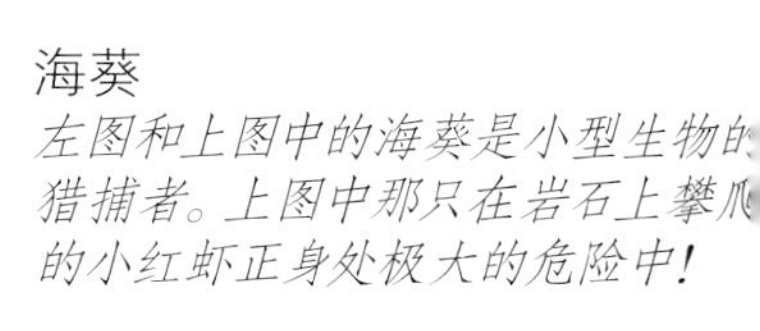

茅草藤壶

茅草藤壶常黏附在陡峭海岸的岩石上，紧邻洋流强劲的大海。

海星

海星可以打开并吃掉贝类等猎物。

海鬣蜥

海鬣蜥是唯一可以入海的蜥蜴。它们生存在太平洋的加拉帕戈斯群岛。平时，它们会从阳光照暖的岩石上潜入冰凉的海水中去吞食海草。它们能在水下憋气长达20分钟左右，之后爬出水面，靠日光浴来温暖身体后再跳入水中。

常见的海鸦

晚春时节，这种海鸟会聚在一起把蛋产在陡峭的悬崖和峭壁上。很少有猎食者可以够得到那里的鸟巢。而即使猎食者到了鸟巢跟前，它面临的也将是上百只海鸦的鸣叫，以及被可怕的喙群起而攻之的结果。

潟湖 [平静的海域]

潟湖是一种较浅且有遮蔽的水域，沙坝和珊瑚礁将它与海分隔开。这是一片祥和之地，很少有大型猎捕者，是许多稀有物种理想的栖息地，例如海参就常在这种环境生活。这些动物没有真正的大脑，它们通过在水中分泌激素来与同类交流信息。

潟湖的类型

珊瑚礁潟湖由环形成坝状的珊瑚礁圈成，外围通常被海环绕。海岸潟湖靠近陆地，会被珊瑚礁、沙坝、鹅卵石碎片或外露的岩石等隔开。

珊瑚 潟湖 珊瑚
海洋 海洋

陆地 潟湖 沙堤洲
海洋

平静的湖水
可防御大浪，潟湖中的水常因有细小沉淀物而变得浑浊。

珊瑚礁潟湖
只有退潮时，你才有可能看到珊瑚脊，它们在开阔的海域中保护潟湖。

海岸潟湖
太阳的照射会使淡水从潟湖里蒸发，因此，潟湖中的盐度将会比其外围的海水盐度高。

苗条的香肠体形
豹纹海参最长可达60厘米左右，它以漂在海床附近的腐食为食。肥胖而笨拙的样子使它看起来是个理想的猎物。但它身上的斑点警示着它的味道很恶心。而一旦遇到危险，它还会喷出黏黏的胆汁来转移攻击者的注意力。

黏液
这种动物会喷出黏液来威慑猎食者。

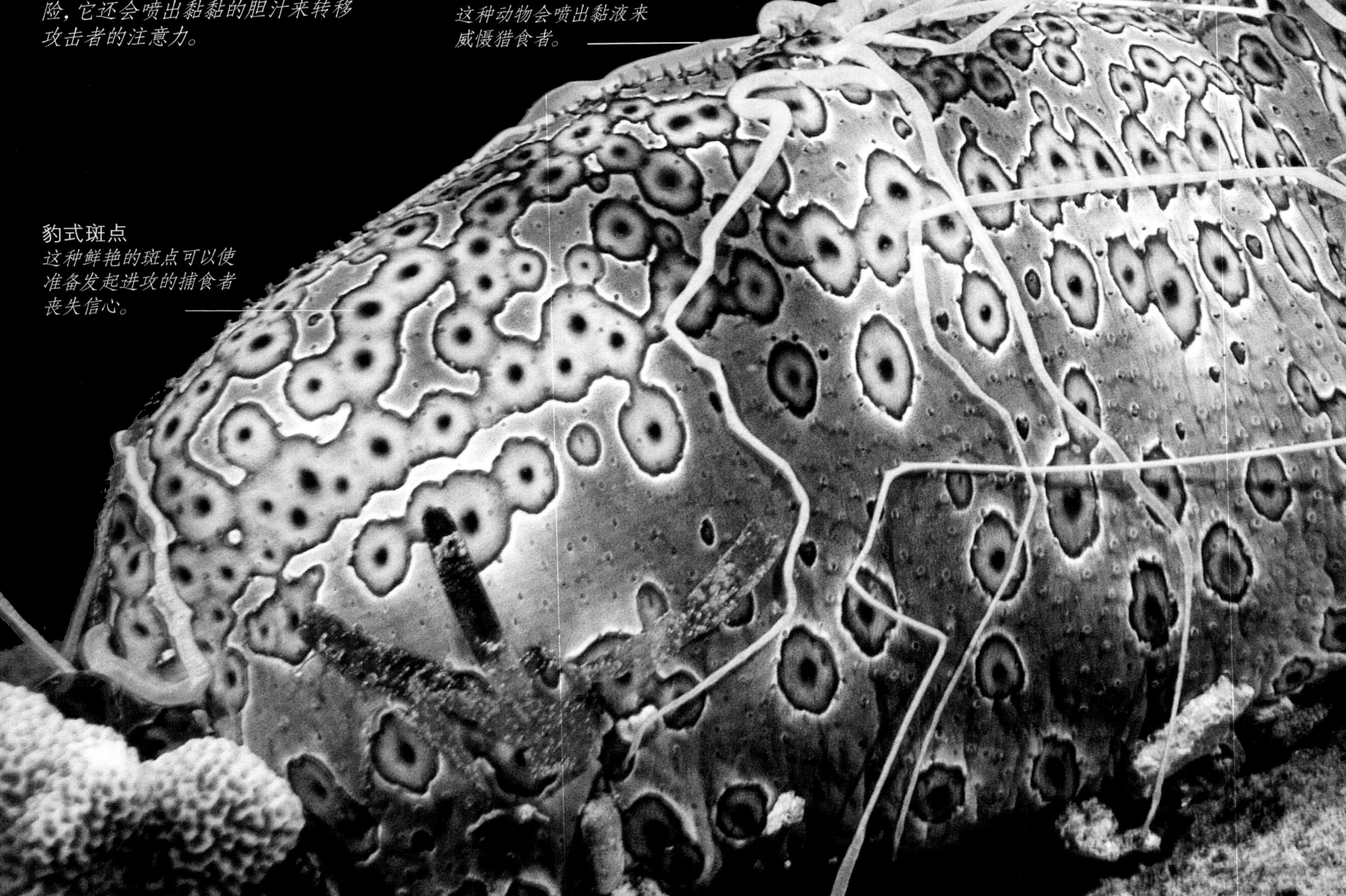

豹式斑点
这种鲜艳的斑点可以使准备发起进攻的捕食者丧失信心。

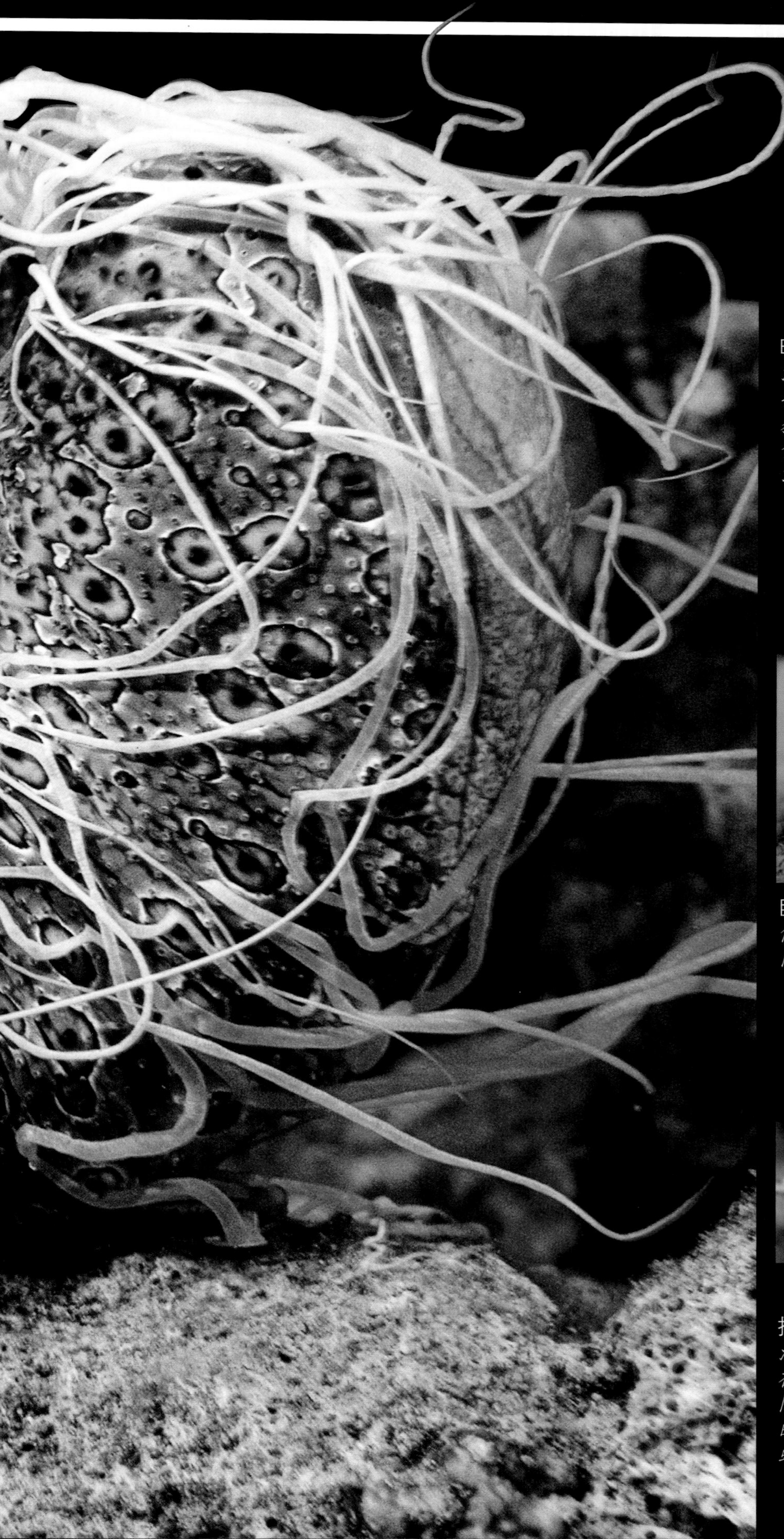

受庇护的生活

在平静的潟湖中，生活着各种大小的生物。3米长的儒艮或海牛，体重可达半吨左右；而一些海蛞蝓，甚至比你的小手指还小。

暗礁上的星星

海星行动很慢，但也能将猎物置于死地。它捕获珊瑚和贝类为食。捕食时，它会把胃外翻来消化猎物！

巨型吸尘器

儒艮的主要食物是海草。摄食时，它会用肌肉发达且向下弯曲的吻部像犁地一样地吸入水草。

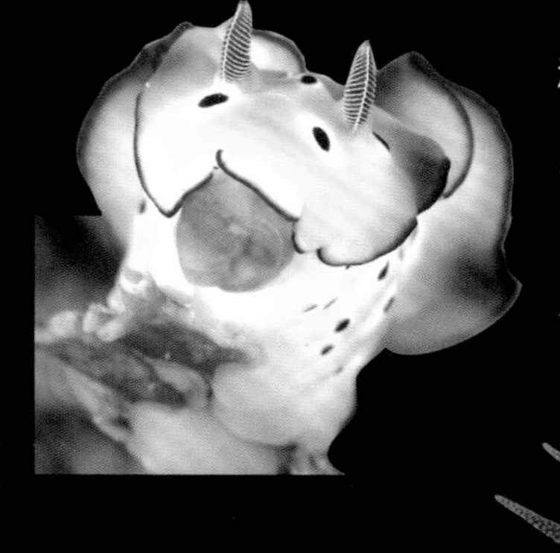

超级鼻涕虫

包括海蛞蝓在内的裸鳃亚目动物中的很多物种都有着鲜艳的体色，以警示捕食者它并不好吃。

挥手再见

海葵的触角好像在挥舞着，可它实际是在用那刺状的触角困住鱼、虾等猎物。

珊瑚礁上的生物 [海洋中的森林]

海洋中的雨林

在珊瑚礁中栖息的物种比在海中任何其他栖息地的都多。它们为数亿人提供了食物和药材，还保护着海岸不受侵蚀。但气候变化、污染和过度捕捞等因素使得珊瑚礁数量正在迅速减少。大约20%的珊瑚礁已经被破坏且无法修护，而如果我们不加以保护，剩下的珊瑚礁中的一半也许很快就会消亡。

册瑚礁主要存在于热带海域中，是由群居的珊瑚构建成的。在这些族群中的单个个体称作珊瑚虫。珊瑚虫体外长有硬壳式的骨骼，即使它们死去，硬壳依然存留，久而久之便堆积成珊瑚礁，成为很多动物的栖息地。

藏身之所

册瑚礁上的缝隙为小鱼、虾和其他类似的物种提供了很好的藏身与觅食场所。海蛞蝓和蛤蜊经常依附在珊瑚上。

拟态海马

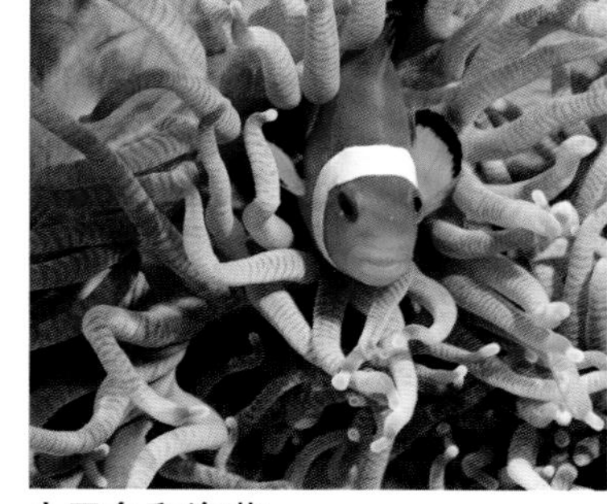

小丑鱼和海葵

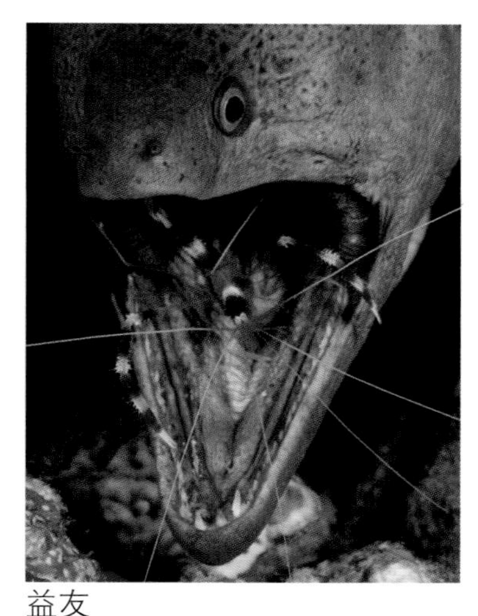

益友

珊瑚礁上的许多动物常互相帮助。保洁虾从海鳗嘴里捡拾食物残留物以果腹，海鳗的牙齿也因此得到了清洁。

在所有海洋鱼类中，约有四分之一的种类栖息于珊瑚礁中。

珊瑚的种类

珊瑚有两种——石珊瑚和软珊瑚。石珊瑚有单行触须，它们将在日后成为珊瑚礁。软珊瑚有多刺的骨骼，称作骨针。

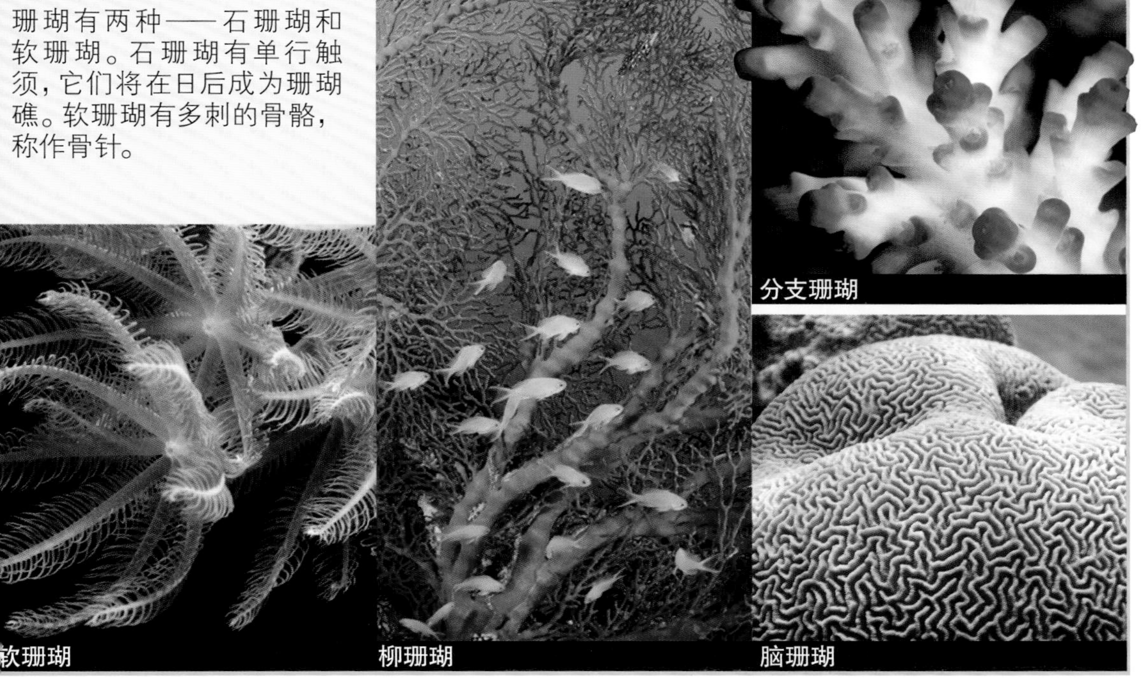

软珊瑚 柳珊瑚 分支珊瑚 脑珊瑚

更多信息

《珊瑚岛》
[英]罗伯特·迈克尔·巴兰坦/著

《蓝色的海豚岛》
[美]斯·奥台尔/著

安德罗斯岛珊瑚礁　脑珊瑚
大堡礁　蛤蜊
伯利兹堡礁　海鳗

永远不要触碰珊瑚礁，否则你极有可能伤害这种脆弱的动物。
不要搅动水底，因为被搅动漂浮的沉淀物会使珊瑚窒息。
不要购买珊瑚纪念品。

你可以去参观加利福尼亚州蒙特利湾的蒙特利水族馆，或者伊利诺伊州芝加哥的约翰·克谢德水族馆，或者路易斯安那州新奥尔良的奥杜邦水族馆。

珊瑚虫，即珊瑚单体，它们看起来像是迷你海葵。

W

共生：生存在一起的两种生物之间的相互关系，一般来讲是互利的。小丑鱼和海葵的共生形式对两种动物来说都是有利的：海葵保护小丑鱼躲避捕食者，小丑鱼帮助海葵保持触须的清洁。寄生虽然也是一种共生形式，但不是互利的形式。

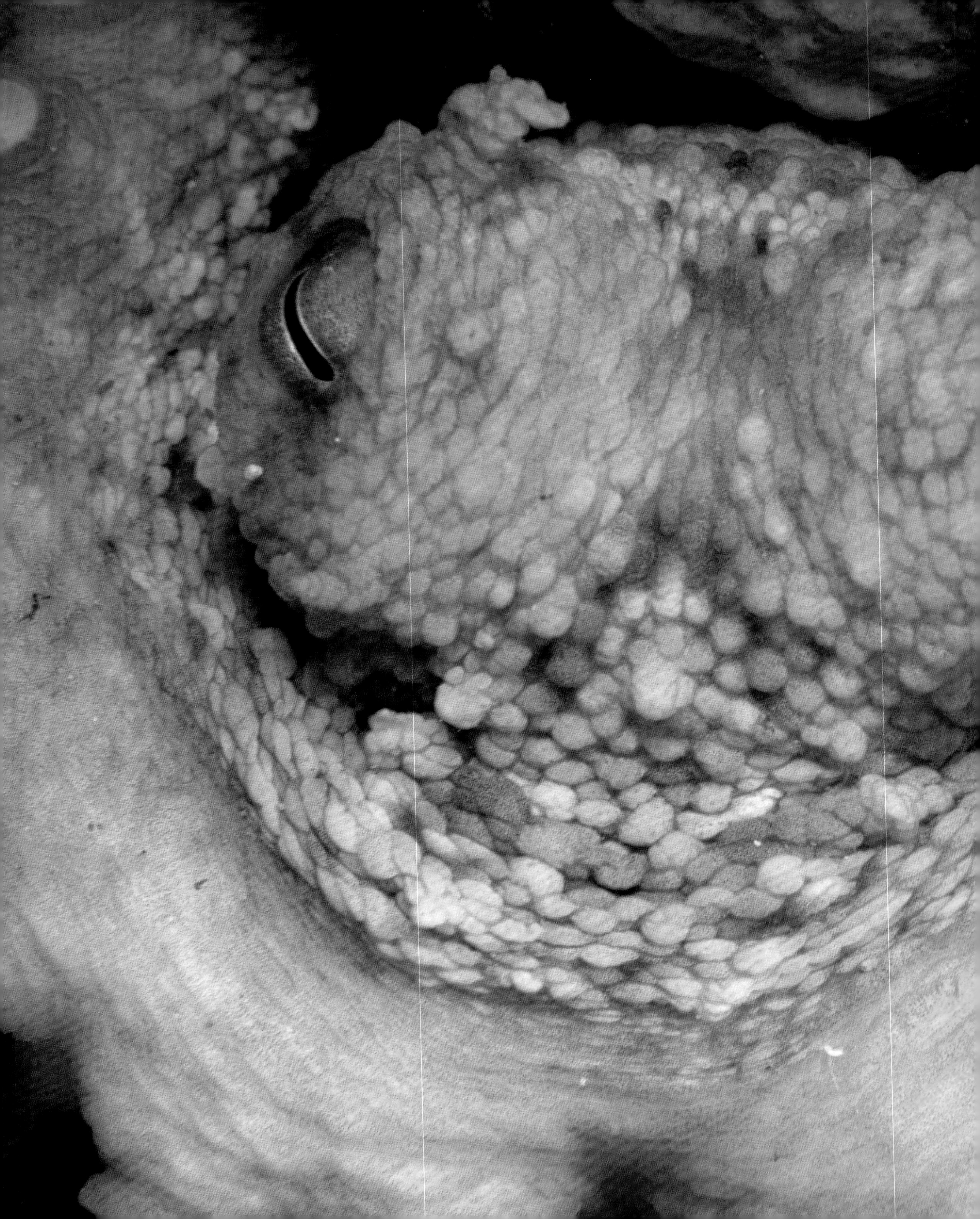

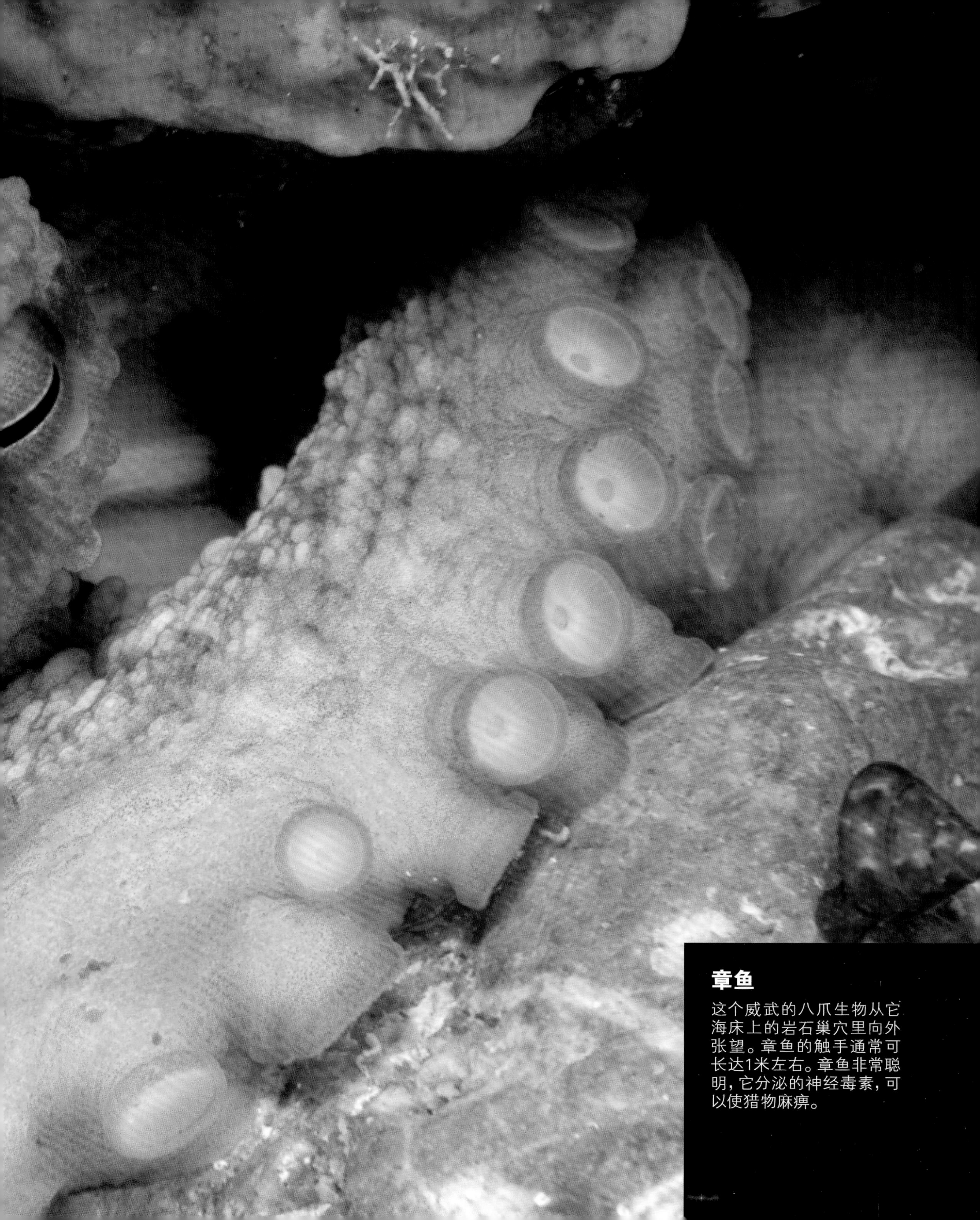

章鱼

这个威武的八爪生物从它海床上的岩石巢穴里向外张望。章鱼的触手通常可长达1米左右。章鱼非常聪明，它分泌的神经毒素，可以使猎物麻痹。

冰冻的极地 [大冷冻室]

在地球两极冰冷的海洋中，生活着一些不可思议的野生生物。海水温度在长达几个月的漆黑冬季低于冰点，随之而来的又是夏季的极昼，还有令人害怕的暴风雪随时都可能袭来。好在水里的营养物质非常丰富，所以这里的生物可以忍受这种严酷的环境。

北极和南极

在自然条件下，北极熊永远不可能猎捕企鹅，因为它们分别生活在地球的两个极端。地球两极都有许多种类的鲸、海豹和鸟等。

北极熊
北极熊在冰雪中有着完美的拟态颜色，它们主要以海豹为猎物。

企鹅
企鹅不会飞，这个令人惊叹的游泳健将以鱼、乌贼和磷虾等为食。

极地生物

极地区域是很多种生物的家。这里的鱼类和海洋哺乳动物众多，甚至鸟类也在冰冷的水中游泳或在其上空飞翔。

无脊椎动物
没有脊椎的极地动物包括海星、海蜇和海葵等。在短暂的夏天，浮游生物将在水中大量繁殖。它们是磷虾的食物，而磷虾则是更大一些动物的食物。

磷虾　金色海星　北极霞水母

鱼类
在这里浅海中生活的鱼通常比深海中的鱼更活跃。深海动物为保存能量，一般行动缓慢。

格陵兰鲨　冰鱼

鸟类
鸟类是最能接近南北极点的生物。它们中有许多是腐食性的，以漂在水面上的鱼、鲸或海豹等的尸体为食。

蓝点马鲛海燕　阿德利企鹅　北极鸥

无翅南极蝇，南极大陆最大的陆地动物。

* 左图为无翅南极蝇的实际大小（2.5毫米~3毫米）。

北极海象

这只巨大的北极海象近2吨重。凭借500多根灵活的胡须，它们可以在黑暗的海底探寻并觅食贝壳类及小虾小蟹等。

哺乳动物

为了能在零度以下的水中保暖以生存，海豹和鲸类等的皮肤下长有一层厚厚的脂肪层。除此之外，海豹还有着一身厚实的毛皮“外衣”。

格陵兰海豹

海象

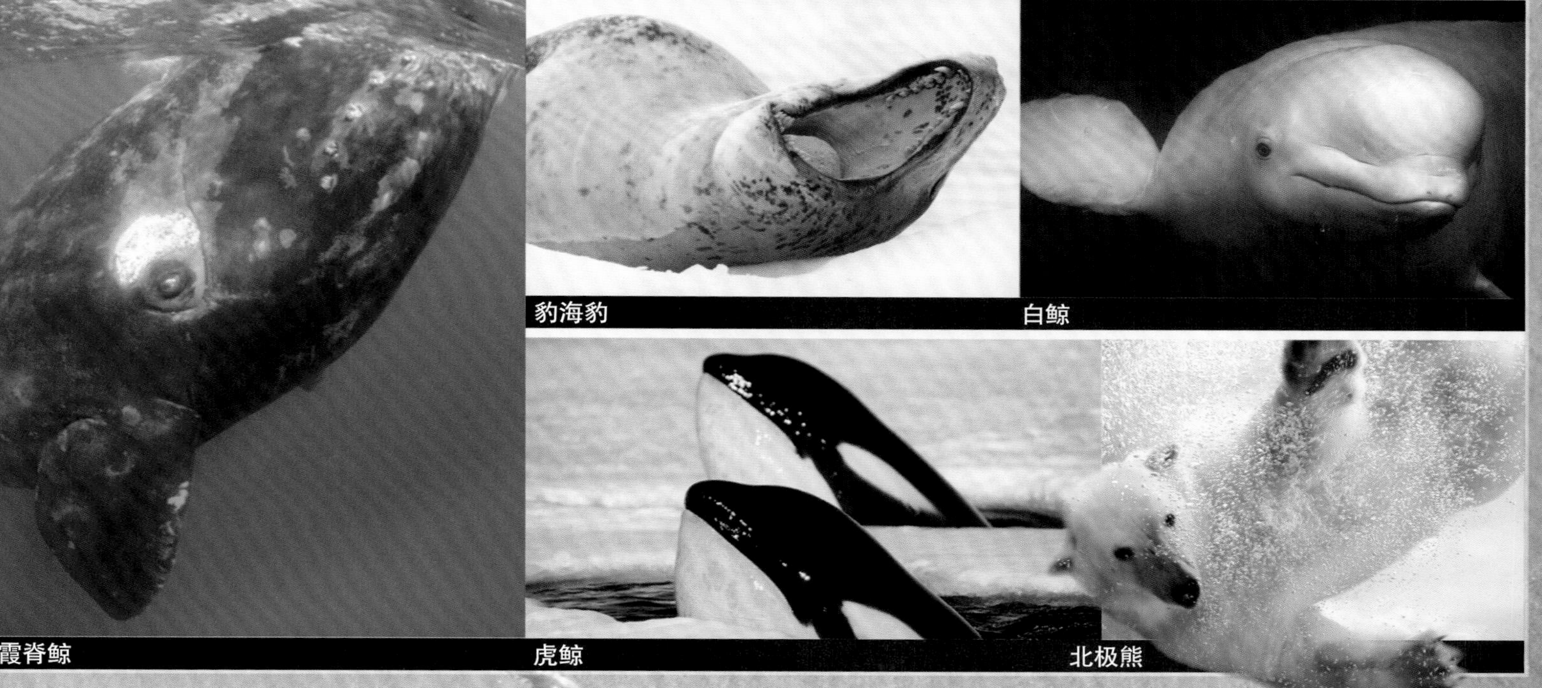
露脊鲸

豹海豹

白鲸

虎鲸

北极熊

企鹅中的皇帝

身高约120厘米、体重超过35千克的帝企鹅是迄今为止世界上最大的企鹅。它们可以摇晃着身体在南极的冰上行走约113千米远，从海洋一直走到它们世代繁衍的地方，然后再走回来。

海鸟 [谁在天上飞?]

对于成百上千种鸟类来说,海洋为它们提供了大量的食物。从小巧的燕鸥到巨大的海雕,它们中的一些喜欢吃鱼,一些捕获乌贼或虾为食,还有一些会吃漂在海面或被冲到海滩上的动物残骸。

南大洋

所有的企鹅都生活在赤道以南,有些南至南极洲。它们不会飞,但都是游泳健将。在水中时,它们的翅膀成了有力的“桨”。

跳岩企鹅　企鹅群

长期的空中生活

最佳的远途飞行者是信天翁,它可以连续飞行几个月而不用在陆地和海面上停歇。还有一些鸟,如管鼻鹱和海燕等,只有在产卵和抚育幼鸟时才会着陆。

巨鹱　剪水鹱　暴风鹱

黑眉信天翁

彩色的脚

这种蓝脚鲣鸟在加拉帕戈斯群岛上很常见。求偶时,雄鸟会用它们独特的舞蹈来极力展示它们美丽的蓝脚,以取悦雌鸟。

陆地栖息

些海鸟可以在空中捕，甚至可以在空中“睡”。但是大多数鸟会沿海岸在陆地栖息、筑，甚至是在一些遥远的岛上。干燥的地面也是们清理鸟喙、进食和整羽毛等的地方。

军舰鸟

鲣鸟

鹈鹕

鸬鹚

鹬

剪嘴鸥

簇海鹦

大黑背鸥

黑鸠

北极燕鸥

鱼 [鱼鳍、鱼鳞、鱼尾……]

海洋中鱼的种类超过16700种，从身长达12.7米的巨型鲸鲨，到极小的隆头鱼和虾虎鱼，它们的体形各不相同。大多数鱼类的身体由骨架支撑，用鳃呼吸，体表覆盖着鳞片，并用鱼鳍和鱼尾来游动。

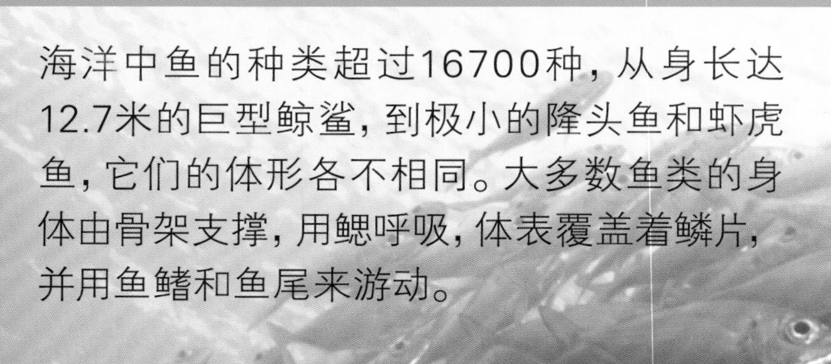

没有下颌骨的鱼

有两种鱼，盲鳗和七鳃鳗，没有用来咬合的下颌骨。取而代之的是塞盘状的嘴或鳃裂，嘴里有小钩或牙齿用来刮削肉食。

盲鳗

七鳃鳗的嘴

奇怪的骨架

鲨鱼、鳐、魟鱼、银鲛（鼠鱼）等均属于软骨鱼类。它们的骨骼不是坚硬的骨头，是更轻、更灵活的软骨或脆骨。

鳐

象银鲛

鹰鳐

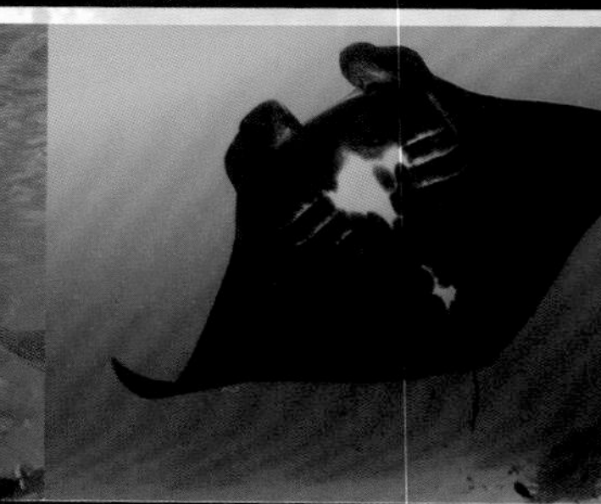

蝠鲼

大白鲨

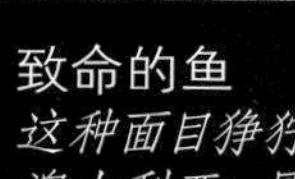

致命的鱼

这种面目狰狞的珊瑚礁石头鱼，通常生活在东南亚和澳大利亚，是世界上最毒的鱼。它背部的棘刺会喷射出剧毒，可在几小时内让人毙命。

硬骨鱼

现存鱼类中的绝大部分都是硬骨鱼。它们中有些是体表光滑、亮银色的猎手，有些长年栖息在五彩斑斓的珊瑚礁中，还有些身体平平的，将自己与周围环境融为一体，隐藏在海底。

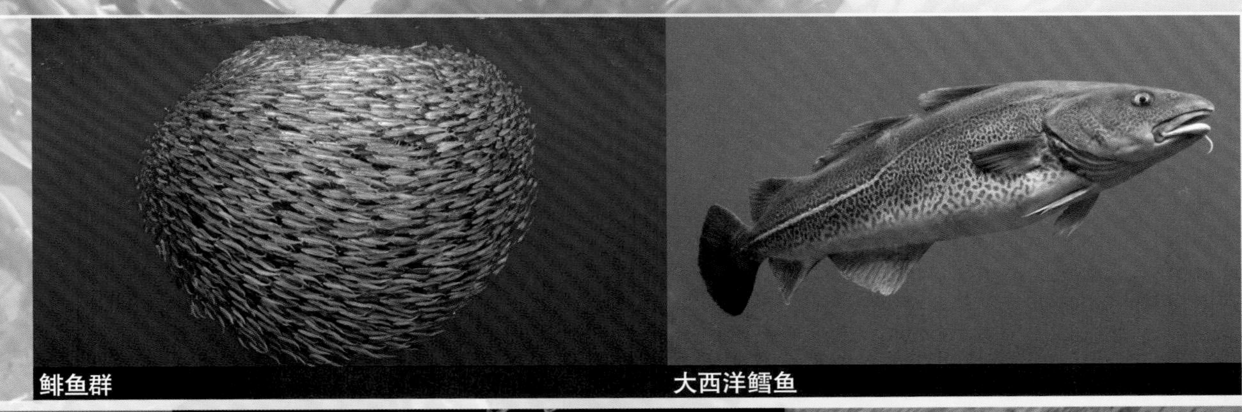

鲱鱼群

大西洋鳕鱼

鲀

叶海龙

飞鱼

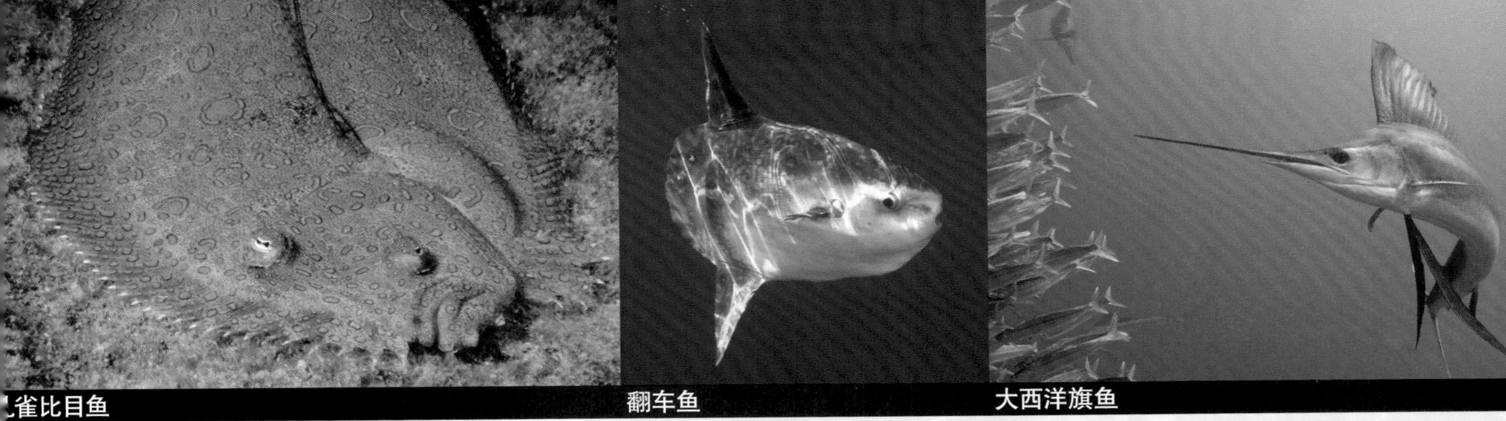

雀比目鱼

翻车鱼

大西洋旗鱼

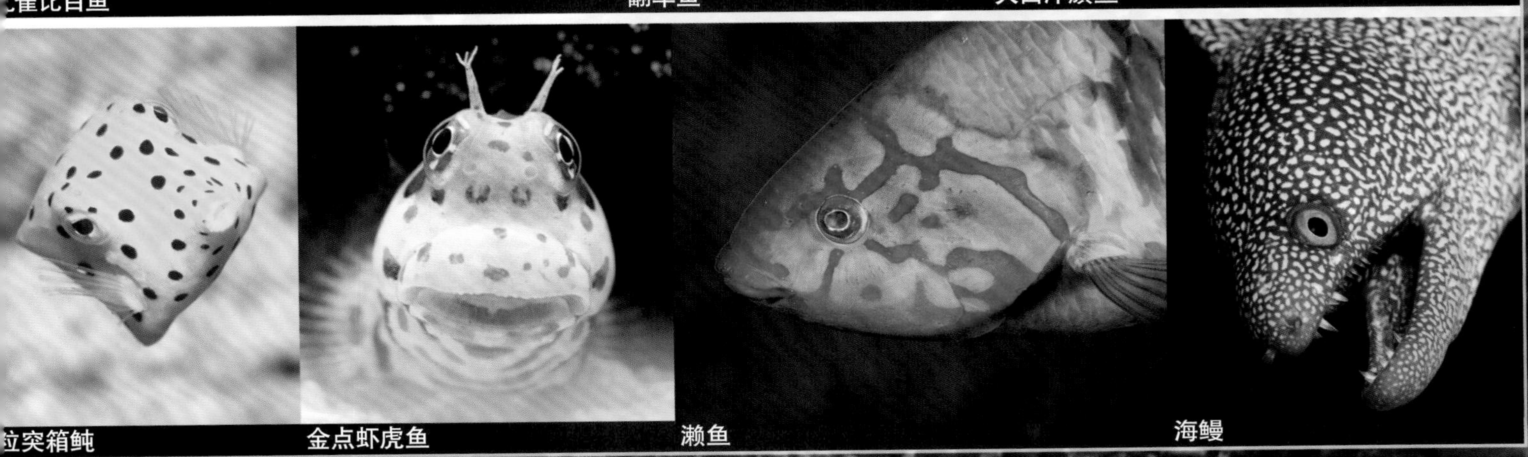

拉突箱鲀

金点虾虎鱼

濑鱼

海鳗

形形色色的鲨鱼 [从牙齿到尾部]

世界上有430余种鲨鱼，它们有的比你的手还小，有的甚至比公共汽车还大。鲨鱼都是肉食动物，它们可以从体形庞大的鲸类身上咬下肉来，也可咬碎长有硬壳的贝类。然而出人意料的是，体形最大的鲨鱼却以海洋中最小的浮游生物为食。

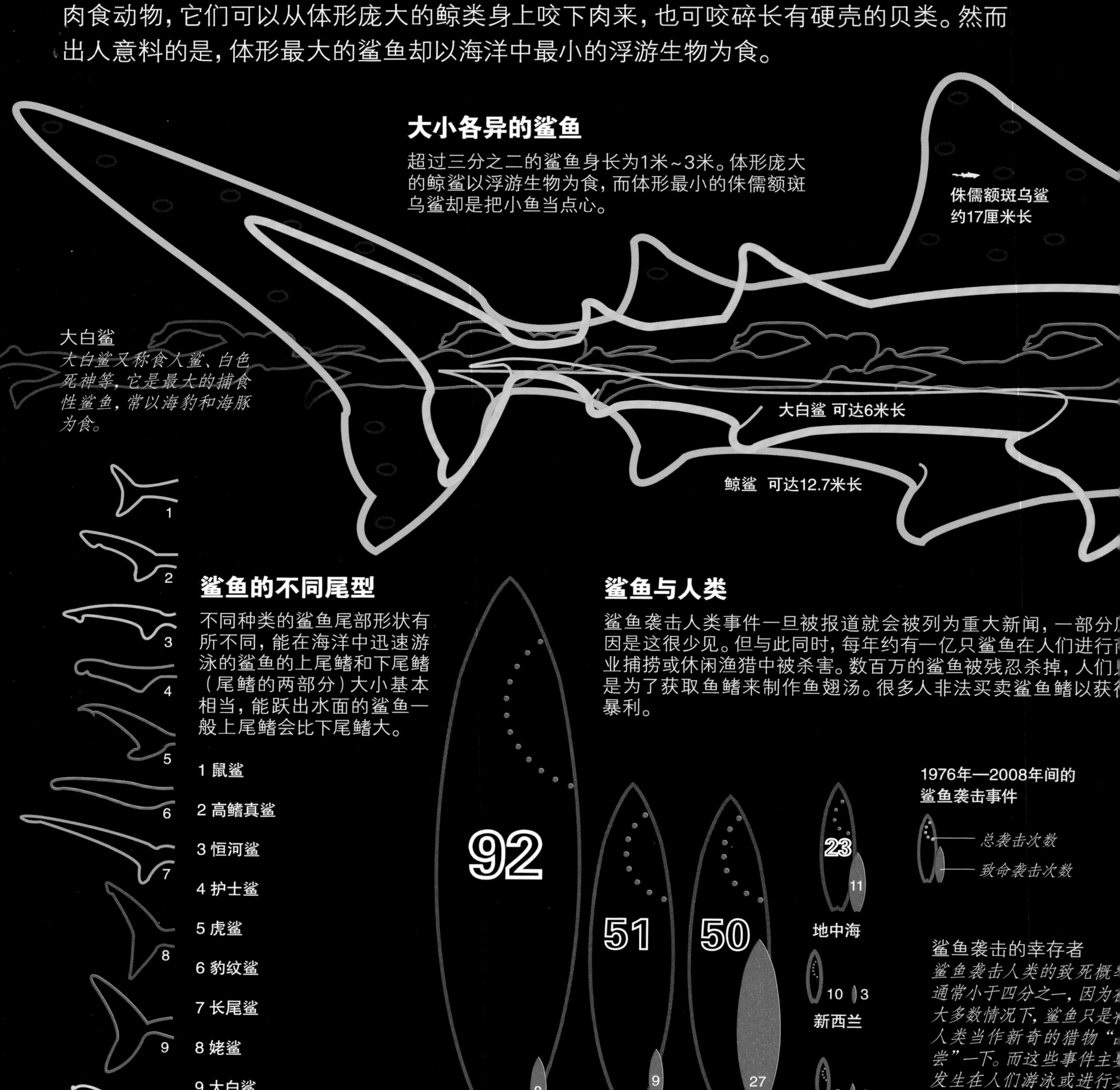

大小各异的鲨鱼

超过三分之二的鲨鱼身长为1米~3米。体形庞大的鲸鲨以浮游生物为食，而体形最小的侏儒额斑乌鲨却是把小鱼当点心。

鲨鱼的不同尾型

不同种类的鲨鱼尾部形状有所不同，能在海洋中迅速游泳的鲨鱼的上尾鳍和下尾鳍（尾鳍的两部分）大小基本相当，能跃出水面的鲨鱼一般上尾鳍会比下尾鳍大。

1 鼠鲨
2 高鳍真鲨
3 恒河鲨
4 护士鲨
5 虎鲨
6 豹纹鲨
7 长尾鲨
8 姥鲨
9 大白鲨
10 雪茄达摩鲨

鲨鱼与人类

鲨鱼袭击人类事件一旦被报道就会被列为重大新闻，一部分
因是这很少见。但与此同时，每年约有一亿只鲨鱼在人们进行
业捕捞或休闲渔猎中被杀害。数百万的鲨鱼被残忍杀掉，人们
是为了获取鱼鳍来制作鱼翅汤。很多人非法买卖鲨鱼鳍以获
暴利。

鲨鱼袭击的幸存者

*鲨鱼袭击人类的致死概
通常小于四分之一，因为
大多数情况下，鲨鱼只是
人类当作新奇的猎物“
尝”一下。而这些事件主
发生在人们游泳或进行
他水上运动的区域。*

大白鲨一生可以长约20,000颗牙齿，而你会长50颗左右。

丰富的食物菜单

有些鲨鱼非常挑食，只以浮游生物、乌贼和小鱼等为食。还有一些鲨鱼的菜单极其丰富，尤其是虎鲨，它们几乎会吞噬所有能找到的东西。下图中的这些生物和物品几乎都在鲨鱼的胃中被发现过，令人惊讶的是，人们甚至发现过半匹马。

巨齿鲨牙齿的真实大小。

盾鳞

鲨鱼的皮肤非常坚韧且粗糙，其表面覆有像牙齿一样的盾鳞，这是一些非常微小、尖锐的棘突。

利于高速游动的皮肤

盾鳞的形状有利于减少鲨鱼游动时水的阻力，进而提高鲨鱼的游速，并节省其体力。

皮肤上微小的水涡有利于减少摩擦。

排成行的盾鳞

水在盾鳞周围顺滑地流过。

盾鳞的“侧翼”

盾鳞根部

凸起的样式

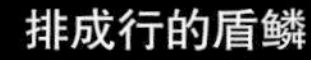

鲨鱼的牙齿

已经灭绝的巨齿鲨体形庞大，看起来和大白鲨差不多，它的牙齿比人类的手还要大。现存的鲸鲨，虽体形与巨齿鲨相似，但牙齿很小，且是用鳃滤食的方式捕食。

鲸鲨牙齿的真实大小。

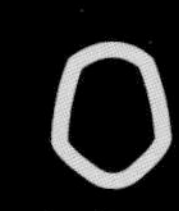

人类牙齿的真实大小。

大白鲨牙齿的真实大小。

鲨鱼也有智慧？

科学家们研究发现，鲨鱼可不是思维简单的恐怖的捕食机器，它们是一种复杂的物种。许多鲨鱼都有解决问题和社交的能力，有时甚至会表现出好奇心。

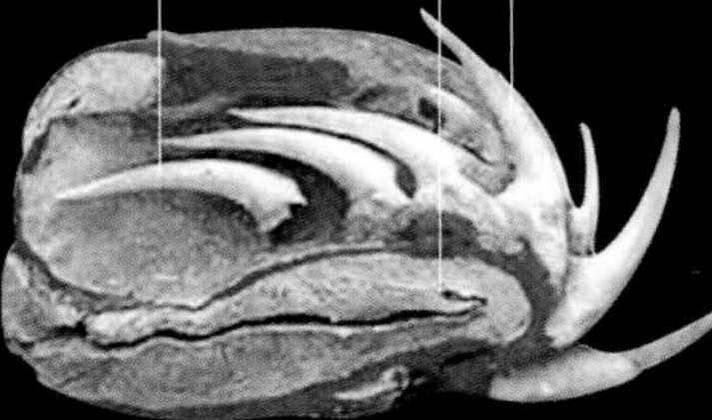

永不停止的牙齿生长

在鲨鱼的一生中，牙齿会一直生长和更替。新牙通常先从下颚的后面生出，一旦最外排的牙齿脱落或损坏，新牙就会向前移动以代替坏牙。

座头鲸

座头鲸又名驼背鲸，因其背鳍的“驼峰”而得名。这个“驼峰”在鲸拱起身体跃出水面时非常明显。鲸是哺乳动物，它们可以分为两类：一类以明显的牙齿为特征；另一类像座头鲸这样，以鲸须为标志。鲸须是鲸鱼口中的过滤器，用来困住小生物。

鲸类 [着实是大家伙!]

须鲸是世界上体形最大的物种。须鲸的种类超过12种，其中最大的是蓝鲸，它甚至是在地球上生存过的最大的动物。它的一条舌头甚至和一头大象的体重相当。它用来呼吸的喷气孔可以向空中喷出10多米高的水柱，真是令人震惊!

过滤进食

觅食时，蓝鲸常吞入大群磷虾，与此同时还有几千升的水。随后，它会通过鲸须盘将水挤出，而只吞食下被困住的磷虾。

鲸须

蓝鲸的上颚挂着一种特殊的“帘子”，它大约有300缕，约1米长，像流苏一般，这就是鲸须。鲸须工作起来像是一个大滤筛，把食物从水中过滤出来。

鲸须内衣

为了获取鲸肉、鲸油和鲸须等，人类一度大肆捕捞鲸类。鲸须曾被用于制作紧身内衣等或被用来紧固物品，这一历史长达300年之久。而商业捕鲸行为终于在1986年被禁止了。

一头成年蓝鲸一天可以吃掉

4～5吨磷虾。

有多大?

鲸类通常很大，所以你很难把一头鲸放在秤上称重。在允许捕鲸的时期，它们曾被切成一块块的来称重。目前，通过这种称重方法发现的最大的雌性蓝鲸重约195吨。

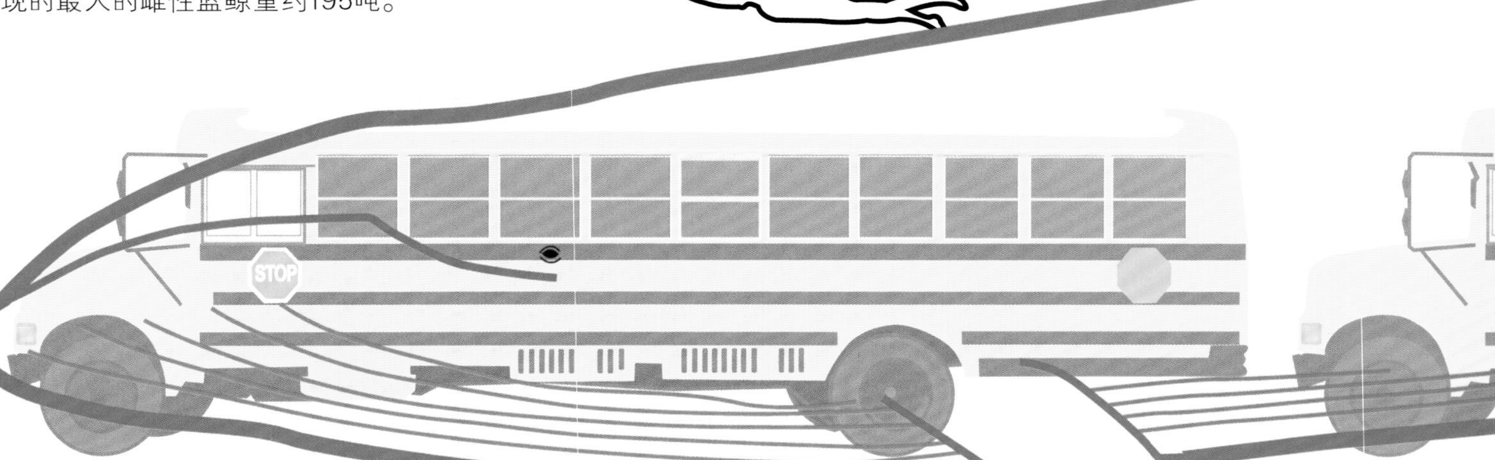

一头成年蓝鲸有2.5辆校车那么长。

一头以营养丰富的母乳为食的蓝鲸幼崽，

每天体重可以增加90千克左右。

位于头部两侧的眼睛

鲸的两只眼睛分别位于头部的两侧，因此它几乎看不到正前方和后方的东西，与此同时，在夜晚或漆黑的海底，即使拥有再好的眼睛，视野也会受限，这就使得听觉对这些物种来讲更为重要。

超大的泵一样的心脏

蓝鲸的心脏几乎和一辆小型轿车一样大，其重量可达600千克左右，共泵出超过11吨血液。心脏内的主动脉以及其他动脉的直径约有23厘米——比足球的直径还要大。当蓝鲸在水面上游动时，它的心脏每分钟搏动5~6次，而当它潜到水中时，搏动速度会更慢。

动脉横切面的实际大小

力量强大

蓝鲸心脏的每次搏动，将泵血300升左右，这些血可以足足盛满2浴缸。

蓝鲸主动脉横切面的实际大小

人眼的实际大小

蓝鲸眼睛的实际大小

和24头非洲象的总重量一样重

鲸的眼睛

蓝鲸的眼球差不多有柚子那么大，然而对于体形如此庞大的动物来说，这个尺寸并不算大。其晶状体接近球形，这样可以便于它在接近海面处光度很低的情况下聚焦。

有史以来的最大体重

就体重而言，蓝鲸的体重可以很轻易地赢过最重的恐龙，比如说阿根廷龙——这种食草的巨兽生存在9000多万年前，它的重量可以达到99吨。

深海中的生命 [奇奇怪怪的家伙]

生活在冰冷、黑暗的深海中的动物往往是地球上最古怪的生物。它们的奇特外表并不是源于偶然，深海中无尽的黑暗、极高的压力、超低的温度和偶尔喷出的滚烫热流，使得这些生物为了生存而不得不进化出种种特别的属性。

无脊椎动物

深海中有各种各样的无脊椎动物，它们没有脊柱，从甲壳类动物到海星，从蠕虫类到章鱼、乌贼和水母等。

大王具足虫

有些深海动物长得比它们的浅海亲戚还大，这让科学家们深感疑惑。例如这只与土鳖虫相似的甲壳类动物就能长到40厘米左右长。

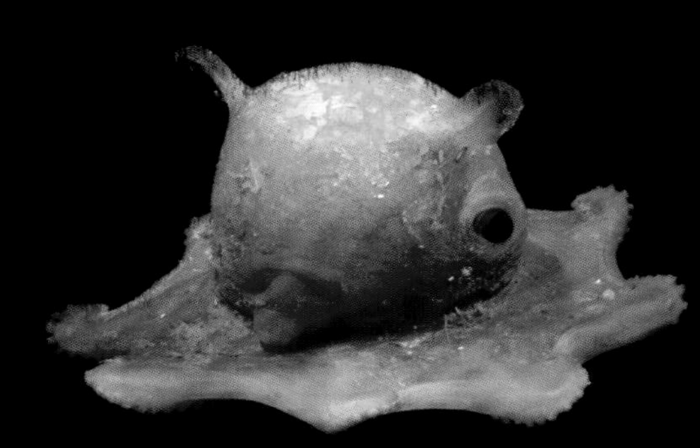

小飞象章鱼

这只章鱼头顶长着巨大的耳形鳍，使它看起来像迪士尼电影中的经典形象小飞象。

巨型管虫

这只巨型管虫并不依靠阳光作为能量的来源，而是以生活在其他生物体内的微小细菌为食。

鱼

一些深海鱼的生存技能之一是使自己发光，这种“生物荧光”可以用来吸引猎物和异性，也为其防御猎捕者提供了很好的伪装。

多毛鮟鱇鱼

这只鮟鱇鱼用它背鳍延伸出的能发光的“小笼”来引诱并获取猎物，当猎物靠近，它就会用级大嘴把猎物吸进嘴中。它身上的这些毛可以触周围存在的物体。

线口鳗

这只鳗鱼的长长身体中有750根脊骨，世界上脊骨最多的动物。它纤细苗条，体的长度几乎是宽度的75倍。

尖牙鱼

尖牙鱼（学名“角高体金眼鲷”）的大牙不是用来咀嚼的，而是用来抓捕猎物的。猎物被捕获时会被它整个吞下去！它下颚的两颗尖牙极大，以至于上颚必须有专门的牙槽来放置它们。

盲鳗

这是只真正的深海怪兽，盲鳗常吸附在路过的鱼身上，伺机钻入鱼腹，然后由里向外蚕食猎物。

和浅水鱼不同的是，深海鱼没有鱼鳔，因为鱼鳔会被深海的高压压瘪。

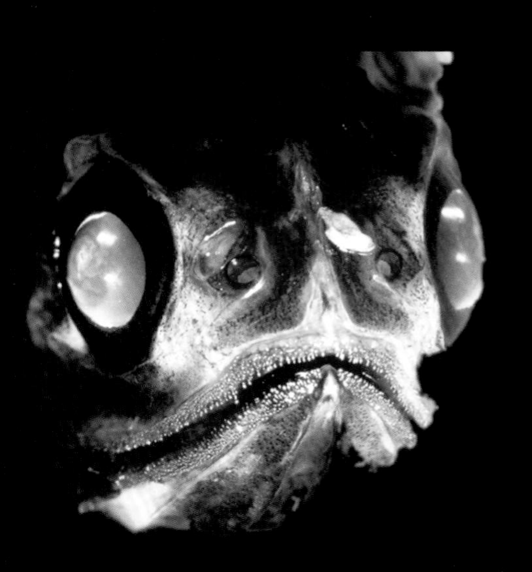

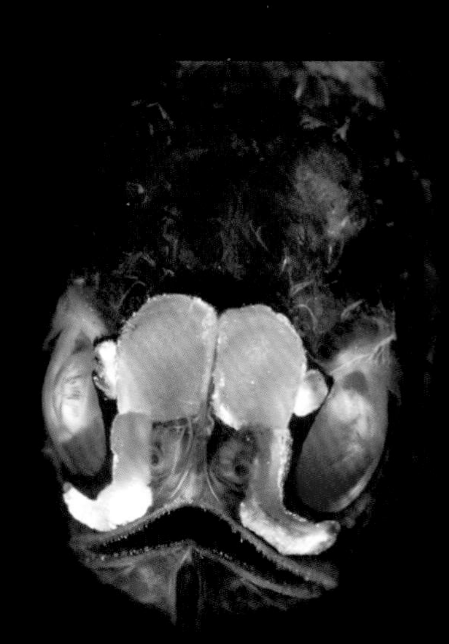

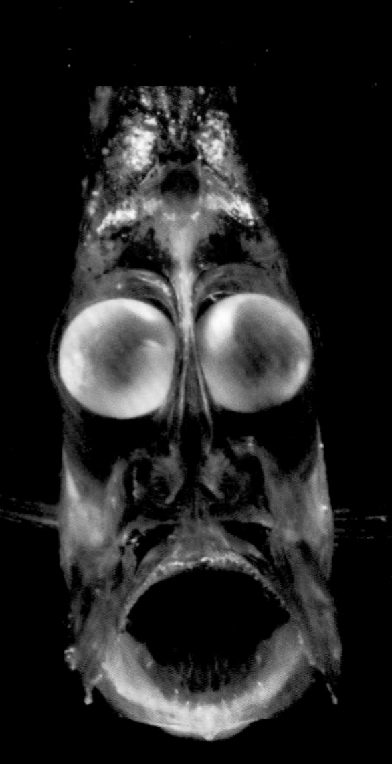

全部亮起来

图片中的灯笼鱼和斧头鱼都会利用生物荧光来吸引猎物，并作为交配的信号。之所以可以“发光”，是因为它们的头、腹和尾巴上长有发光器。

* 地震是如何造成巨浪的?
* 是谁用火烧掉胡须?
* 什么样的钟可以在水下发挥作用?

人类与海洋

水上活动 [世界贸易]

从刚剪下来的鲜花到巨大的汽车，全世界大约90%的贸易都依赖于海上运输。捕鱼业同样也是一项大型的海洋产业。捕捞上来的鱼被放在冷冻箱内漂洋过海，或运输到邻近地区进行交易。

海中讨生计

马达加斯加维佐人，被称为“那群打鱼的人”，长年以捕鱼为生。他们吃鱼、捕鱼，并通过买卖以鱼换取他物品。

早期的商人

很多国家依靠航海贸易而富强。大约3000年前，腓尼基人占领了地中海和红海。1000多年前，威尼斯商人曾四处扩张他们的贸易帝国。与此同时，中国货船也曾向西出航到东南亚和印度。在17世纪，欧洲人与亚洲人之间开始了非常密切的丝绸、香料和茶叶等贸易往来。

渔获丰盛

在2000多年前的罗马时代，人们就开始利用渔船做水货生意。罗马舰队几乎走遍了当时罗马帝国的每一个角落。

几大海上贸易

贸易方	贸易区域	时期	主要货物
腓尼基人	地中海东部、非洲、欧洲	公元前1400年—公元前200年	木材、贵金属、染料、纺织品
阿拉伯帝国	中东、南亚、非洲、欧洲	600年—1250年	象牙、硬木材、纺织品、香料
威尼斯商人	地中海和红海地区、中东	900年—1700年	香料、草药、丝绸和其他纺织物、宝石、贵金属、瓷器
汉萨同盟	北欧、东大西洋到波罗的海地区	1250年—1650年	纺织品、食物、木料、毛皮、金属、矿产
索马里商人	东非、南非、中东、南亚，中国	14世纪—17世纪	外来动物、食物、象牙、纺织品、香料、黄金、武器、瓷器、毛皮、金属、矿产

散装还是集装?

如今，航船运载货物通常有两种方式：散装和集装。散装运输的货物通常包括石油、天然气、谷物和煤炭等。运输时，这些货物或被直接铲到船上，或通过坡道、管道等途径运到船上。集装运输则是通过一个个被称作“集装箱”的大铁箱装载并运输物品。

整齐码放

标准货船集装箱通常约6.1米长。它们可以像砖块一样被码放在船上，同时也便于快速卸载后转运到汽车或火车上，便于后期拆装。

一艘集装箱船的基本情况

船名	艾玛·马士基
级别	E级（有8艘“姐妹船”，是世界上最大的集装箱船）
长度	397米
宽度	56米
吃水深度	15.5米
航行速度	可达47千米/小时
船员数量	13名（另可搭载17名乘客）
载重	可运载14700吨的标准集装箱（相当于装载一亿部手机！）
满载总重	约187393吨
截至2015年	“3E”级货船（可装载18000个集装箱）

繁忙的海港

各种巨型货船每日穿梭于世界各个海港。其中最繁忙的当属中国的上海港，其每年货物吞吐量约6亿6千100万吨。

1. 中国/上海港

每年有约3000万个集装箱经过这个大港口。

2. 新加坡/新加坡港

货船从东南亚的新加坡出港，将前往世界上的其他600多个港口。

3. 荷兰/鹿特丹港

这个位于荷兰的港口是欧洲最大的港口，它的面积约100平方千米。

非一般的运输路径

如今，大多数货船通过巴拿马运河，往来于东亚、北美和欧洲间。但是到目前为止，只有长度小于295米、宽度小于32米的货船才被允许经过这个海峡。

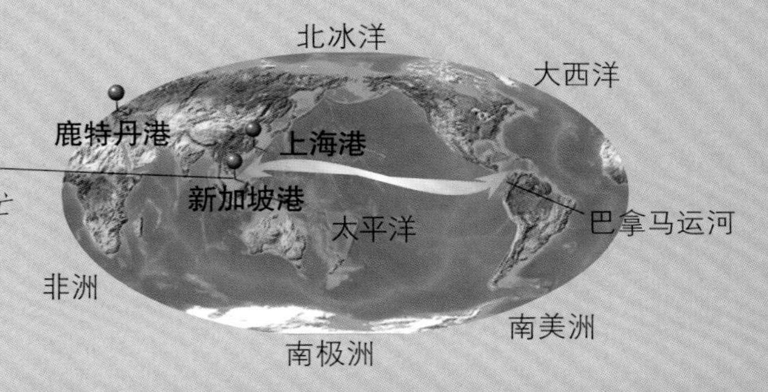

从新加坡到欧洲

走这条通过巴拿马运河的繁忙航线，要花费3~4周时间。

水上运动［刺激！］

在海边，除了懒懒地躺在沙滩上，你还能享受水上运动的乐趣。你可以游泳、携带水下通气管或水肺潜水、捕鱼、冲浪，或乘坐游览帆船。但有一项运动，千万不要尝试！那就是自由式潜泳。它需要你在水下憋气，而且要尽可能地憋很长时间。

尝试海上运动

许多人曾尝试海上运动，例如在休假时去做帆板冲浪或帆伞运动，但是大多数人可能很难频繁参与。最好的方式是在专业的社团或俱乐部参加培训，并得到安全建议以及器械租赁等指导。

潜水深度

水肺潜水最深可达水中310米左右。

一些流行的水上运动

	世界范围内参与者的人数（估算）
海上捕鱼	至少5,000万
近海帆船	可达5,000万
冲浪	可达2,500万
水肺潜水	2,000多万
帆板冲浪	1,900万~2,000万
风筝冲浪	可达5,000万
水上滑板	300万~350万
海上帆船比赛	少于100万
自由式潜水（水下憋气）	大约20万
远海摩托艇比赛	大约3万

美洲杯帆船赛奖杯

美洲杯帆船赛每年耗资超过1000万美元。

参赛船只

帆船比赛的参赛船只可以从滑板大小的小艇到巨大的海船，几乎所有种类均可参赛。美洲杯帆船赛是每年最大的赛事之一，这是一项两只船之间的赛事。在2010年，来自加州旧金山的宝马甲骨文赛队驾驶图中这只三体帆船赢得了比赛。

冲浪

几百年前，寻求刺激的人们就开始利用木板在南太平洋冲浪。20世纪60年代中期，冲浪成为全球赛事。冲浪者们将冲浪板划到海中央，等待海浪，然后站起来高速冲向海岸。

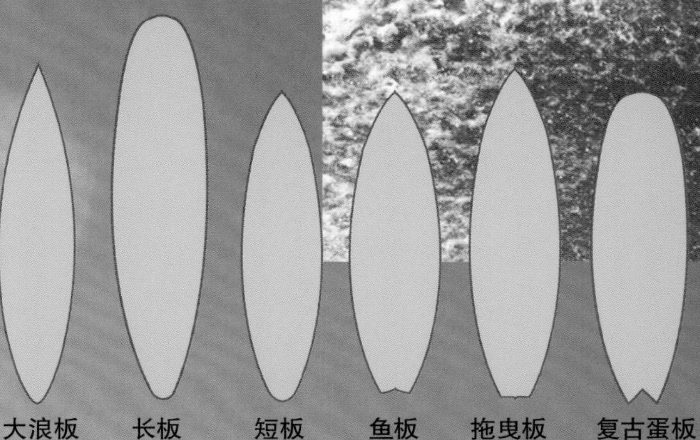

冲浪板的类型

大多数冲浪板的中间层是塑料泡沫，表面覆盖着玻璃纤维和树脂。

卧板　大浪板　长板　短板　鱼板　拖曳板　复古蛋板

在浪花中控制方向

冲浪者冲浪时需要使冲浪板保持在海浪的前端，并随海浪方向前进。

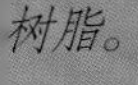

长距离帆船比赛

沃尔沃环球帆船赛

周期	每三年一次
全程历时	每年10月份开始，历时9个月左右
全程距离	约72,000千米
起点/终点	西班牙/爱尔兰
赛程或赛段数	9或10个
海上停留的最长期间	20天
温度变化	-5℃~40℃
风速	超过100千米/每小时
浪高	可达30米
海员数量	11人
衣服套数	2套/人

1990年，新西兰人皮特·布莱克和他的队员夺得了当年沃尔沃环球帆船赛的冠军。

更多信息

《老人与海》
[美] 欧内斯特·米勒尔·海明威/著

《燕子号与亚马孙号》
[英]亚瑟·兰塞姆/著

《梦回海豚岛》
[美]斯·奥台尔/著

美洲杯　阿比桑德兰
铁人三项　皮艇
回转滑水　水肺
游泳　脚蹼　救生员

打水手结，例如布林结、丁香结、三套结、八字结、礁石结和接绳结等。

你可以到一些有水上运动培训和水上娱乐活动的海岸参观、游玩，例如美国弗吉尼亚州北部的切萨皮克湾，夏威夷州的火奴鲁鲁市，加州的圣地亚哥市，纽约州的长岛，佛罗里达州的迈尔斯堡海滩等地。

船尾：船的尾部。

桅杆：船上悬挂帆和旗帜等的圆柱形木杆或金属杆，通常垂直竖立于船的中板上。

帆桁：用来支撑主帆底部的水平杆。

船首：船体的前部。

左舷：当你从船尾向船头看时，船的左边就是左舷。

右舷：当你从船尾向船头看时，船的右边就是右舷。

寻宝人

图中展示的是1954年一位潜水者正准备潜入苏格兰近岸的海底去寻找金币，据说，1588年在这片海域沉没的一艘大帆船里藏有大量的金币。潜水者的头盔被紧紧地连接在防水服上，并全部密封。他的头盔上有个阀门，从海水表面由此向内泵入空气。这种潜水服是19世纪40年代发明的，之后一直没有太大变化。

探索深海

从第一位采珠人下海以来，人们一直想要探索海洋的奥秘，寻找那些令人叹为观止的动物和沉入海底的宝物等。今天，遥控潜水器几乎能下潜到深海的每一个角落。

公元前360年—369年 *古希腊的亚里士多德描述了简易潜水钟的工作原理。*

17世纪20年代 *英国人克尼利厄斯·戴博尔建造了历史上有文字记载的第一艘潜水艇，并在伦敦的泰晤士河进行试航，当时的英国国王詹姆士一世还曾搭乘此艇。*

1825年 *威廉姆·詹姆士发明了最初级的水肺（可装在身上的水下呼吸器）。*

19世纪30年代 *奥古斯都·希比发明了早期的潜水头盔，并于1837年完成了整套潜水服的设计。*

1867年 *埃克提尼奥二号是第一艘机械动力潜水艇，试航实验历时2小时，其下潜深度约为30米。*

1934年 *美国人奥蒂斯·巴顿和威廉·毕比潜入923米深的海底。*

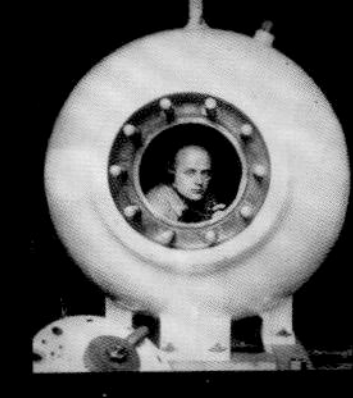

深海潜水球
巴顿和毕比的球形设计使得潜水艇的抗压性能非常好。

1943年 *法国人雅克·库斯托发明了轻型潜水呼吸器，并一直沿用至今。*

1960年 *瑞士的雅克·皮卡德和唐纳德·沃尔什驾驶“的里雅斯特”号深潜器在马里亚纳海沟下潜到10911米的纪录深度。*

1977年 *著名的深潜器之一——阿尔文号深潜器，在太平洋定位到了“黑烟囱”——深海热液喷口。*

1987年 *克莱格·史密斯乘坐阿尔文号深潜器成为观察到“鲸落”（海床上腐烂的鲸类尸体）的第一人。*

深潜器 [深海6500]

深潜器是具有水下观察和作业能力的小型短程深潜水装置。日本建造的“深海6500”深潜器，是世界上顶尖的深潜器之一，其下潜深度可达6500米左右。要知道，这个深度的水压可以将人的骨头压碎。下潜后，深潜器将收集深海中的各种信息，并连同采集到的水、动物、岩石和海床泥沙等样本一起带回陆地供科学家研究。

狭小的空间

深潜器内部空间狭小，以深海6500为例，其内部空间只有2米宽，却需同时搭载两名船员和一名研究员。

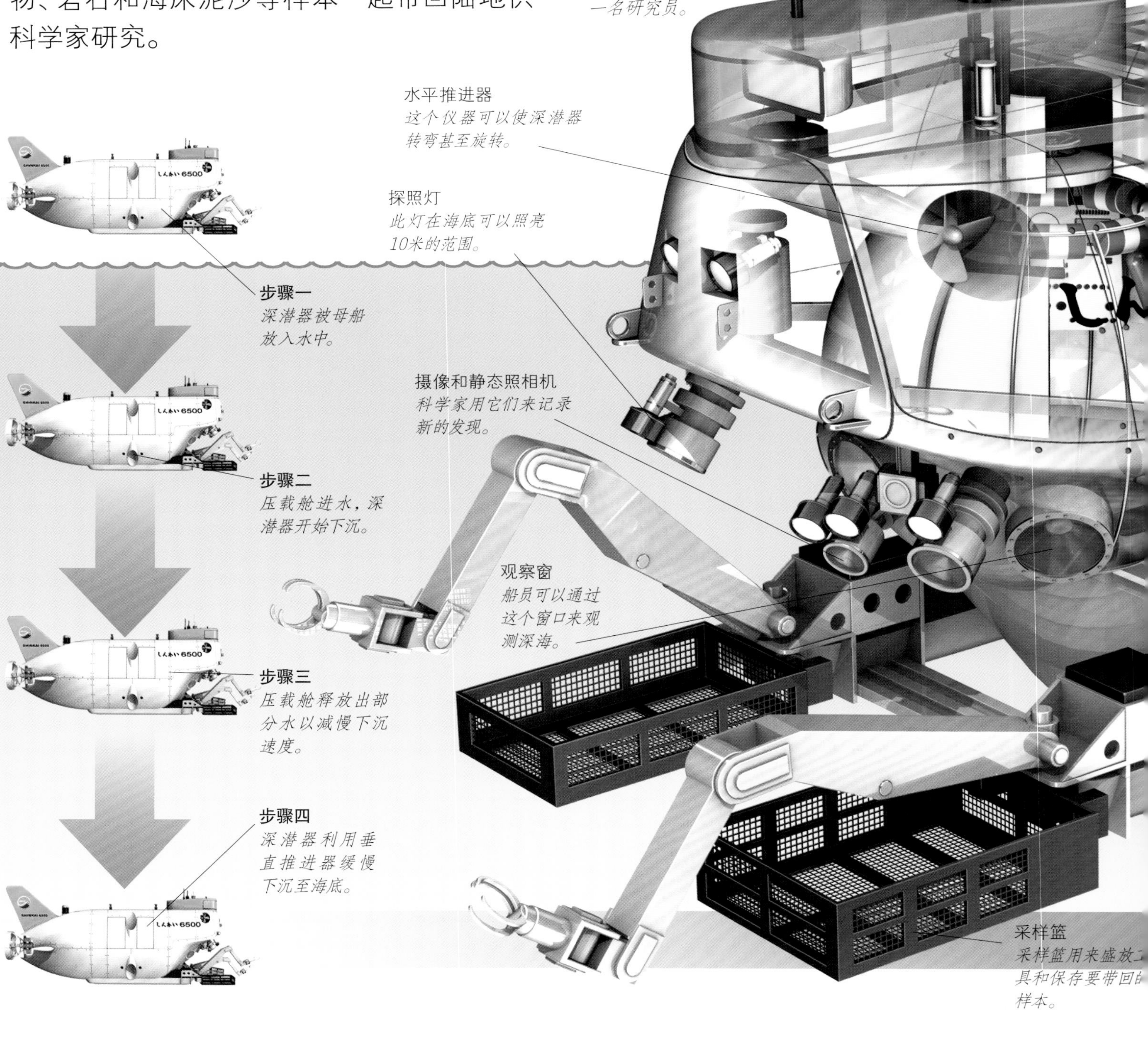

测流计

记录水流的速度和方向。

导航感应器

该仪器将通过水下感应器和计算机导航系统锁定目标物体的确切位置。

水平推进器

这个仪器可以使深潜器转弯甚至旋转。

探照灯

此灯在海底可以照亮10米的范围。

摄像和静态照相机

科学家用它们来记录新的发现。

观察窗

船员可以通过这个窗口来观测深海。

采样篮

采样篮用来盛放工具和保存要带回的样本。

步骤一

深潜器被母船放入水中。

步骤二

压载舱进水，深潜器开始下沉。

步骤三

压载舱释放出部分水以减慢下沉速度。

步骤四

深潜器利用垂直推进器缓慢下沉至海底。

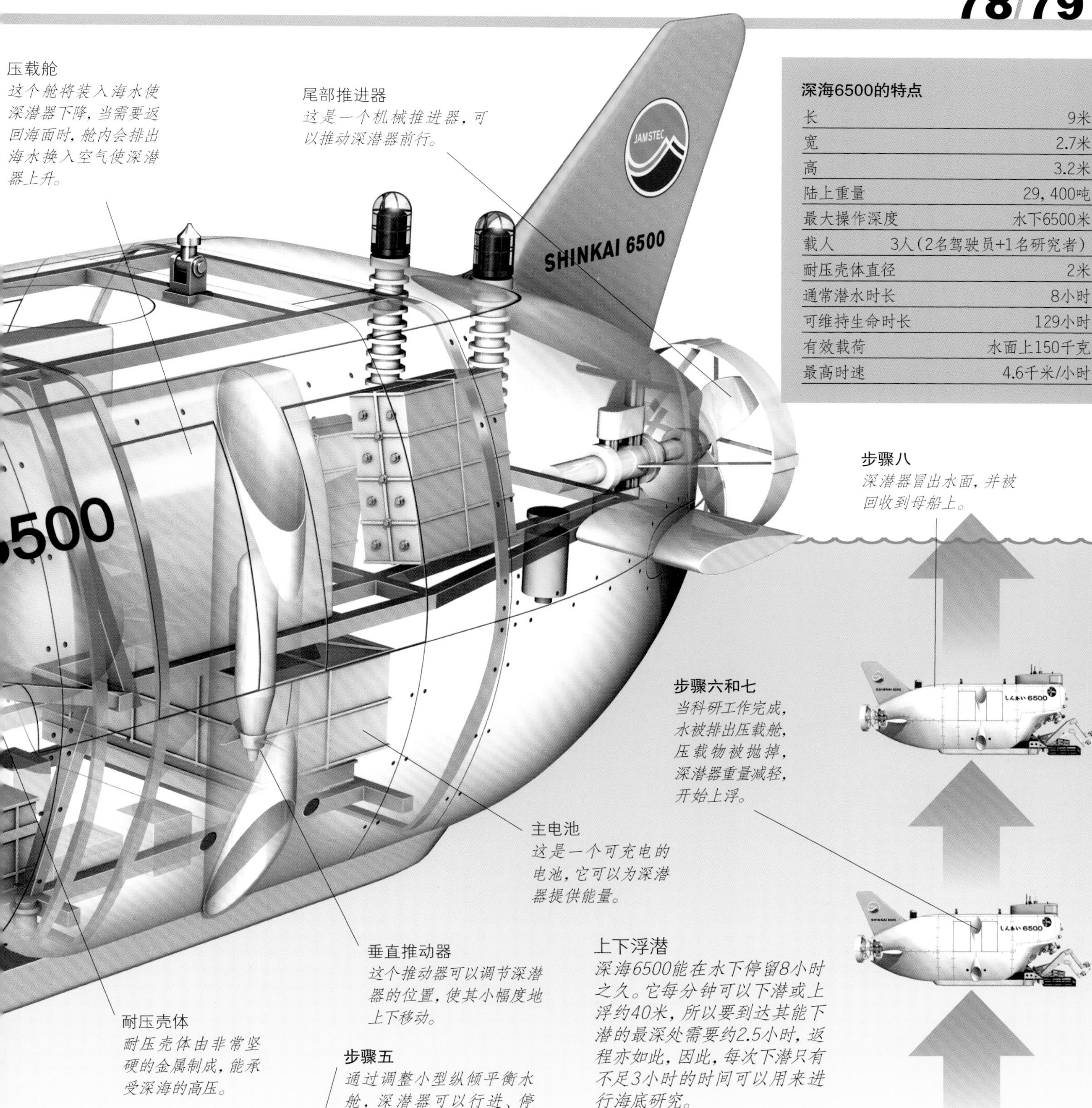

深海6500的特点

长	9米
宽	2.7米
高	3.2米
陆上重量	29，400吨
最大操作深度	水下6500米
载人	3人（2名驾驶员+1名研究者）
耐压壳体直径	2米
通常潜水时长	8小时
可维持生命时长	129小时
有效载荷	水面上150千克
最高时速	4.6千米/小时

压载舱

这个舱将装入海水使深潜器下降，当需要返回海面时，舱内会排出海水换入空气使深潜器上升。

尾部推进器

这是一个机械推进器，可以推动深潜器前行。

主电池

这是一个可充电的电池，它可以为深潜器提供能量。

垂直推动器

这个推动器可以调节深潜器的位置，使其小幅度地上下移动。

耐压壳体

耐压壳体由非常坚硬的金属制成，能承受深海的高压。

上下浮潜

深海6500能在水下停留8小时之久。它每分钟可以下潜或上浮约40米，所以要到达其能下潜的最深处需要约2.5小时，返程亦如此，因此，每次下潜只有不足3小时的时间可以用来进行海底研究。

步骤五

通过调整小型纵倾平衡水舱，深潜器可以行进、停留、观察和收集样本。

步骤六和七

当科研工作完成，水被排出压载舱，压载物被抛掉，深潜器重量减轻，开始上浮。

步骤八

深潜器冒出水面，并被回收到母船上。

海中的资源［自然的馈赠］

今天，我们从海洋中获得的最宝贵的自然资源是来自海床底下的原油。原油经炼制被加工成汽油、柴油、燃料油和航空煤油等，为我们的现代生活提供能源。

寻找深海油

由于陆地和浅水区域的油田正逐渐被开采完，因此原油公司开始向更深的水域探索。深海中有很多开采区域，这些地方集中着钻机、生产平台、贮存和加工船只、供给船、直升机坪和供工人们住宿的“水上酒店”，全部靠数千千米长的管道和缆线连接。

漂浮的墨西哥湾帕迪多钻井平台距离其下的海床约2450米，这是6个帝国大厦叠加在一起的高度。

浮式钻井平台
这一类钻井平台，可以安装钻探设备，在海底钻孔，还可以对新井中原油的数量和质量进行检测。

缆线管道
这些缆线和管道承载着电力传输、电话线和电脑通信等任务。

海床上的传输管道
原油直接通过这些铺于海底的管道从油井中被泵到立管中。

钻头
钻头通过钻柱研磨岩石并插入其中，钻井泥浆（一种混合的水性液体）通过软管流入钻柱的顶部，经过沉淀后的泥浆再向下穿过钻柱、流过齿轮。泥浆将在钻柱和壳体之间如此循环多次，最终形成钻孔。

上升的石油
石油不断上升主要源于地球内部的压力挤压或机器的泵取。

不停旋转的齿轮
每个钻头有三套齿轮，工作时，三套齿轮互相咬合，以研磨沉淀泥浆。

钻柱
钻柱的重量使得钻头可以牢牢插入岩石中。

海面以下5500米深的油田

浮式生产储油船
原油会被装载于这个集生产、储存、卸货于一体的浮式生产储油船上。
加工
原油将被初步加工，或者提炼出汽油等不同组分，然后存储起来，等待买方油船前来装载。
系泊索
可调节的缆线坚固地固定于海床上，它们将保证钻井平台和船只位置相对不变，即使在风暴中依旧稳定、安全。
立管
原油通过这些管道向上传送到浮式生产储油船。这些立管的顶部有螺旋接头或转塔，所以浮式生产储油船可以根据风和海浪的方向调整船向。
卸油供给线
原油及其组分或其提炼产物通过这些管道流入卸油码头。
卸油码头
运油船将停靠在卸油码头，从浮式生产储油船中获得石油或其组分。
井口与泵站
油泵把油从井中泵出并通过传送管道输送至立管。
石层
油和天然气会从
石抗渗层下被
油取收集。液体
和气体在此层都
不能流通。

海洋中的矿物质

盐	通过蒸发海水，人们每年可获取约8500万吨盐。
金	研究发现，海洋中约溶解有2000万吨金，但至今仍没有一种更简便的方法可以提炼它们。
钻石	在非洲的纳米比亚，从海洋里获取的钻石比从陆地上的还多。
沙	海洋中大量的沙可以用来制作水泥、砖和玻璃等。
锡	锡有许多用途，可以大量从海底获取。

海洋中的美丽

数千年以来，人们一直为海洋生物创造的美丽而惊艳，于是研究出了人工养殖贝类生产珍珠等现代方法以获得其美，这些方法可以保护动物以自然的栖息方式生活。

菊石化石

这个卷曲的鱿鱼的贝壳类远亲几乎与恐龙同时代灭绝。

珍珠

沙粒的刺激使牡蛎内部不断分泌珍珠质，由此形成珍珠。

珍珠母

这种耀眼的彩虹色物质让一些贝壳绚丽夺目。

收之于海

数百年来，大海为人类提供了源源不断的食物。但由于过度捕捞等原因，自1900年以来，从海洋得到的鱼获减少了近三分之一。鳕鱼、三文鱼、凤尾鱼、鲨鱼等诸多种类的鱼都在减少。在保护古老的捕捞渔业的同时，只有全球共同发起紧急保护行动才可能扭转鱼量骤减的趋势。

海盗 [不只加勒比有海盗！]

勇敢的海盗在海上航行以寻觅埋藏在海底的宝物是很多浪漫故事中的经典情节。但真实生活中的海盗故事与此截然不同。海盗其实是在海上抢掠他人的犯罪者。他们的世界满是暴力、残酷、抢夺，他们折磨、杀害无辜的人们。许多海盗是恶霸行径,他们靠武力威胁他人，以强占财物为目的。或许只有一个海盗——基德“船长”，他真的把宝物埋藏起来长期保管。

世界各处的海盗

许多海盗都来自英国，但是也有的来自中国、印度和土耳其等地，他们主要在东方海洋上活动。在乌克兰，16世纪—1世纪时，逃走的仆人和奴隶曾组成海盗联盟，一度对黑海上的商船造成了威胁。

威廉·基德“船长”

基德曾是英国政府许可的袭击敌国船只和港口的一艘私掠船船长。但他因袭击了大西洋和印度洋的商船而被治罪，并于1701年以海盗身份被抓获，经审讯后最终被处以极刑。

“黑萨姆”贝拉米

贝拉米是北美东海岸海域的著名海盗。他曾在不到两年的时间里截获45艘船，更因对俘虏慷慨仁慈而闻名世界。在1717年的一次海上沉船事故中，这位年仅28岁的海盗在美国马萨诸塞州沿岸遇难。

查尔斯·韦恩

韦恩的船队多在巴拿马一带作案，他拥有自己的舰队，以游侠号旗舰为领队。韦恩曾非常出名，因为他不仅杀死对手和俘虏，还会袭击其他海盗并进行分赃。他于1721年被捕并在牙买加被处以绞刑。

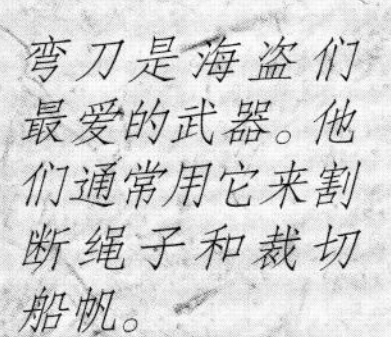

弯刀是海盗们最爱的武器。他们通常用它来割断绳子和裁切船帆。

北美洲

基德
东海岸

“黑萨姆”
东海岸

“黑胡子”
东海岸
西印度

查尔斯·韦恩
巴哈马

巴哈马

西印

加勒比海

牙买加

“白棉布杰克”
巴哈马、百慕大、
东加勒比海

海盗的大事年表

海盗几乎和航海业同时出现。他们的鼎盛时期在1600年—1750年期间，在加勒比海和西印度洋群岛最为猖獗。同时期内，他们在东印度洋群岛（今南亚和东南亚）也很活跃，以截取香料和草药。

公元前75年	*古罗马的恺撒大帝在希腊附近被绑架，绑架者要求高额的赎金。*
750年—1109年	*斯堪的纳维亚半岛上的维京人袭击了很多地区，从北美到英格兰，再到地中海地区。*
16世纪初期	*巴巴罗萨兄弟——阿鲁日和海雷丁多次袭击了意大利和西班牙在地中海的航船。阿鲁日在1518年被杀死，但是海雷丁最后成了阿尔及利亚首都阿尔及尔的领袖。*
16世纪70年代	*弗朗西斯·德雷克开始了他漫长的探险事业，他同时也是奴隶买卖者和战船船长，更是英格兰人眼中的敌人、海盗。*
17世纪初期	*亨利·摩根是西班牙南美洲海域（加勒比海和墨西哥湾一带）的一个早期海盗。*
17世纪50年代	*地中海海盗行为开始消退，因为逐渐强大的国家开始派出护海舰队保卫领海，同时因为法律开始健全，所以海洋变得安全了一些。*
18世纪初期	*船长伊曼纽尔·永利设计的乔利·罗杰骷髅形象海盗旗开始流行。*
19世纪50年代	*在加勒比海盗消失40年之后，海盗在南亚和东南亚地区也逐渐销声匿迹。*
21世纪初期	*东北非洲沿岸的索马里海盗仍以截获的油船和人质换取赎金。*

盗取宝藏

达布隆金币、西班牙银币、珠宝、雕塑、油画，以及许多其他艺术品都是海盗们抢掠的对象，他们在加勒比海地区的活动尤为猖獗。海盗们用这些东西换取食物、酒水和船只供给物资等，他们还会偷盗茶叶、糖浆、威士忌和朗姆酒等商船，他们会把这些东西中的一部分留下自用，另一部分卖掉以换取其他物资。

安妮·波妮和玛丽·瑞德

波妮和瑞德是世界上极少的著名的女海盗，她们都来自穷困的家庭，由于不同的原因，她们从年少时就女扮男装。她们曾与“白棉布杰克”成立海盗组合共同行动。

“黑胡子”爱德华·蒂奇

蒂奇留着长头发和长胡子，他有时会用彩色的带子把它们扎成小辫，准备抢掠前还会在耳朵旁边插两根点着的导火线。他的肩上总是披着佩带，佩带上放着满满的子弹和手枪。他的样子很吓人，一年四季常穿一双大靴子，极具特色的装扮和外貌让他更具威慑力。他的行动范围从美国弗吉尼亚到西印度群岛，最终在1718年的一次争斗中死亡。

安妮·波妮和玛丽·瑞德

巴哈马、百慕大、牙买加、东加勒比海

“白棉布杰克” 约翰·莱克汉姆

他的出名源于他的同伙——女海盗安妮·波妮和玛丽·瑞德。莱克汉姆曾在广阔的海域范围内袭击了数十艘船。他最终被著名的海盗抓捕手乔纳森·巴内特抓获，并于1720年在牙买加被处以绞刑。

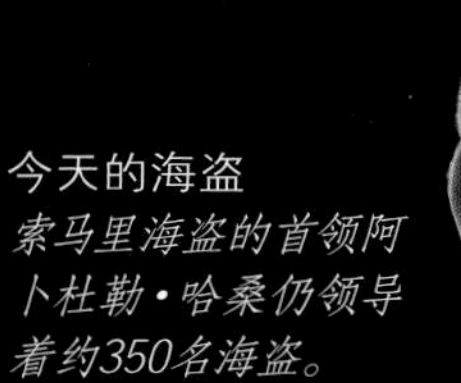

今天的海盗

索马里海盗的首领阿卜杜勒·哈桑仍领导着约350名海盗。

海洋传奇 [天方夜谭]

在海上航行了多天的水手，又渴又饿又累，于是有的水手开始胡思乱想：那个阴森恐怖的声音和浓雾中的阴影是什么？自古以来，船员们就讲过许多关于海怪、幽灵船和海底精灵的故事，但至今为止，科学家们并没有找到那些故事的现实依据。

神话和怪兽

这些海怪中的女性多出现在神话故事中，比如海妖塞壬和美人鱼等。据说，人面鸟身的美丽女妖塞壬拥有天籁般的歌喉，常用歌声吸引航行者，使船触礁沉没。尽管这些声音也许是鲸类发出的，但为了解释突如其来的海浪、狂风和暴风雨，船员们想象出了各种巨怪，另外还想象有巨大的、乌贼形状的北海巨妖，以及会喷火的蛇等。

美人鱼
传说中，美人鱼的上半身是女人，下半身是鱼。美人鱼经常被当作不祥之物，预示着暴风雨的来临和沉船的危险。在故事和歌曲的描述中，她们经常用美丽的外表来迷惑船员，使船偏离航向，沉入海底。

沉船怪
日本传说中的一个大型海怪。它是一个和尚模样的光头幽灵，常报复那些打扰他平静生活的船只。

大海神
古罗马水手常向海神尼普顿祈祷旅途安全。这个希腊海神是希腊神话中的波塞冬。他的坐骑是被海马拉着的黄金战车。

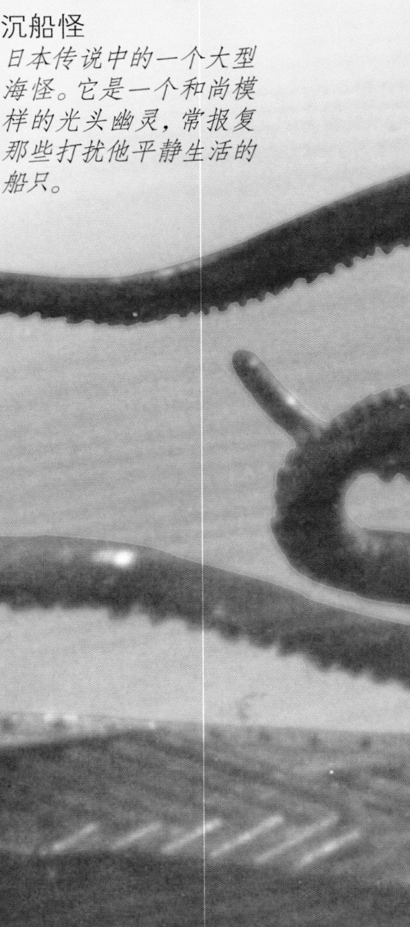

深海杀手
在《海底两万里》中，潜水艇上的水手与一只巨大且有触须的深海杀手曾进行生死搏斗。这些怪物也许是依据真实生活中的乌贼虚构的，有些深海巨型乌贼可以长到约15米长。

未解之谜

很多海怪故事没人解释得清楚。下面几个故事至今仍是未解之谜。

“消失之城”亚特兰蒂斯

也许是因为一次剧烈的地震，整个亚特兰蒂斯岛被摧毁，并永远湮没于海底。至今，这仍是个深海传奇。

“玛丽·西莱斯特”号之谜

1872年11月，这艘船从纽约出发，开往意大利的热那亚。同年12月，它被发现漂在大西洋中部。不可思议的是，船上一名船员都没有，也没有任何发生意外的痕迹，而且那些船员再也没有出现过。

驱魔祈福

为了驱逐恶魔和厄运，常年出海的人们形成了自己的信仰和习惯。

眼睛

世界上很多地方的船员都认为，给船只画上眼睛可以吓跑恶魔与鬼魂。

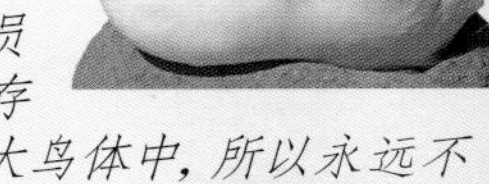

信天翁

有人认为，死去的海员的灵魂会存在于这些大鸟体中，所以永远不能伤害它们。

龙

一些中国船员相信，无论在海上还是陆地上，龙都可以驱鬼降魔。

不吉利的香蕉

18世纪失踪的一些航船的共同特点是都运载着香蕉。自此以后，这种水果被船员们认为是不吉利的。

更多信息

《海底两万里》
[法]儒勒·凡尔纳/著

《白鲸》
[美]麦尔维尔/著

百慕大三角
巨型乌贼
利维坦
卡律布狄斯
涅瑞伊得斯

你可以前往美国康涅狄格州的神秘海洋馆，近距离观察多种海洋生物，了解水手们曾经用来驱魔祈福的方法，比如船头绘有图案、用来提升好运的船只收藏品等。

北海巨妖：北欧和冰岛传说中一种长得像大型章鱼或乌贼的海怪。

W

波塞冬：希腊神话中的海神，传说能与洪水抗衡，具有极高的地位和极强的能力。

铁甲船

1862年美国内战期间，在弗吉尼亚海域的汉普顿港群，铁甲舰“维吉尼亚”号（之前的“梅里马克”号）和美国北方海军小型装甲炮舰“莫尼特”号陷入了战斗，这是两艘铁甲船之间的首次冲突。战斗没有决出胜负，但是造成了巨大影响。自此，世界范围内，海军不再制造木壳的海船。

发动海上战争

大量的海上战争改变了世界历史。谁掌握了海上的控制权，谁就可以控制贸易并且变得富裕强大。最后一次大型的海上冲突发生在第二次世界大战中（1939年—1945年）；自此以后，空袭取代了海战的位置。

公元前480年 *只有380余艘船只的古希腊海军在萨拉米斯海湾战胜了拥有1200余艘船只的波斯舰队。*

公元前31年 *550多艘古埃及战船与古罗马船只在古希腊北部近亚克兴角的爱奥尼亚海海域发生战争。战役以古罗马获胜告终，一个帝国就此诞生。*

1279年 *当时中国的蒙古族可汗所领导的船队在崖山打败了拥有1000艘战船的宋朝船队，结束了宋朝皇权统治东亚大部分领土的历史。*

1571年 *由西班牙殖民帝国、罗马教廷和威尼斯组成的联合舰队在希腊勒班陀海角打败了奥斯曼土耳其帝国舰队。*

1588年 *英格兰舰队大败拥有130多艘战舰的西班牙无敌舰队。此战役亦是世界历史上最著名的四大海战之一。*

1776年 *美国独立战争中最大的一场海战。战役在美国长岛附近海域发生，以经验不足的美国部队落败告终。*

1805年 *拿破仑战争中，英国海军上将霍雷肖·纳尔逊率领的英国舰队在西班牙特拉法加角外海面击败了法国与西班牙联合舰队。*

1916年 *无论从船只数量还是从船只大小来讲，第一次世界大战中英国海军与德国海军在丹麦日德兰半岛附近海域的交火都是目前为止最大的一场海上冲突。*

1942年 *美国与日本海军在中途岛附近交火的这次海战是第二次世界大战中太平洋战争的重要转折点。*

1944年 *第二次世界大战中，以美国为首的盟军舰队与日本舰队在菲律宾莱特湾附近海域发生了海上大战。这是太平洋战争中的最后一次大海战。*

海啸 [危险的海洋]

海啸是由海底地震、火山爆发、泥石流、岩石滑落和类似的突发的巨大的地球运动造成的海上的巨浪。纵观历史，海啸在没有预警的情况下，多次为世界上的沿海城市和居民带来灾害。

警示牌

这是一个国际通用的警示牌，告诉人们这个区域存在发生海啸的风险，以及一旦遭遇海啸人们应该如何逃生等信息。海啸警示也会在电视、广播、网络上或通过短信发布。

有破坏性的海浪

公元前1600年 *地中海的圣托里尼火山岛喷发，导致了约100米高的海啸，摧毁了克里特岛上的米诺斯文明，这也许也是亚特兰蒂斯消失的起因。*

1755年11月 *强烈的地震和海啸，以及随之而来的火灾，摧毁了葡萄牙的里斯本市，6万多人在此灾难中丧生。*

1883年8月 *东南亚的喀拉喀托火山的爆发引发了海啸。约40米高的海啸巨浪吞没了超过3.5万人。*

1908年12月 *意大利墨西拿的一场地震引发了剧烈海啸。海啸掀起的巨浪高达12米，造成了约15万人丧生。*

1946年4月 *阿留申群岛的地震引发了夏威夷的海啸，造成约160人丧生。此后，太平洋海啸预警机制于1949年建立。*

1958年7月 *另一场阿拉斯加地震引发的海啸高度达到历史之最。海浪冲入一个湾口，形成了一道约500米高的水墙，足以淹没帝国大厦！好在由于远离海岸，因此只有两名渔民不幸遇难。*

1960年5月 *智利发生了20世纪最强的地震，地震导致的海啸造成约5000人丧生。*

1976年8月 *这是菲律宾最严重的一次海啸，7000余人因此丧生。*

2004年12月 *印度尼西亚苏门答腊岛发生地震引发大规模海啸，造成23万多人丧生。*

2011年3月 *日本东北部海域发生的高强度的海底地震，引发了约35米高的海啸，造成约 23700人死亡或失踪。*

关于海啸

海啸往往是由海底或沿岸发生的地震或火山喷发造成的大面积岩石移动引发的。这种岩石运动造成海水里的压力波。波浪朝着各个方向向外翻动，可传至数百米远。

1. 地壳运动
地壳的一个板块（即一部分海床），朝着另一个板块下滑、挤压，会给海水一个巨大的推力，形成压力波。

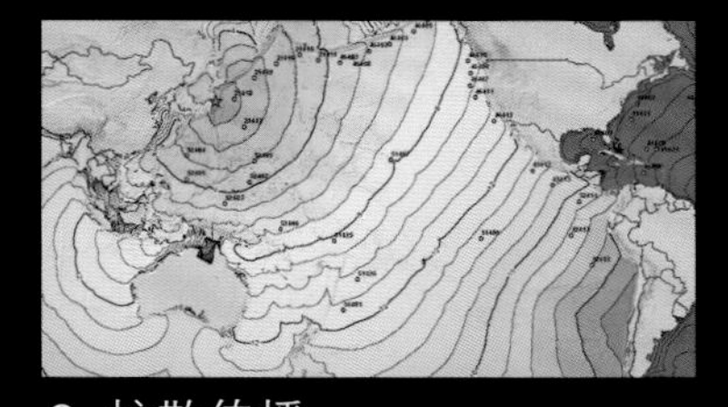

2. 扩散传播
压力波在水中以每小时800千米的速度传播。图中红色到蓝色的区域，表示其强度逐渐减弱。

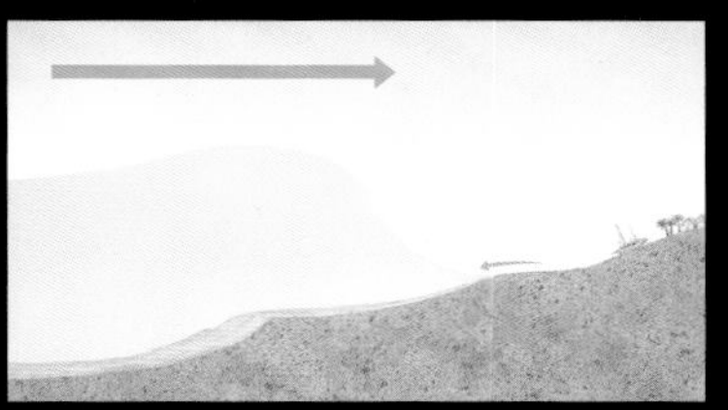

3. 冲向沿岸
压力波到达浅水区，聚起沿岸海水，形成很高的海浪，再冲向内陆。

日本东北部的大地震和海啸
2011年3月11日，这场双重灾难袭击了日本东北部。距岸70千米远的海底大地震撼动了日本东北部内陆。地震引发的大规模海啸，横扫了10余千米范围内的内陆。房屋、桥梁、公路、铁路等几乎全部被吞噬，大面积的农田被摧毁，近50万人无家可归。

沉船！[泰坦尼克号]

“泰坦尼克”号上乘务员的徽章

在世界各地的海床上，长眠着很多沉船。也许古老的木制船不会保存很久，但金属船通常会存留几个世纪。一些沉船上仍残存着人类的遗骸，并被视为这些人的坟墓，受到生者的尊重。世界上最有名的沉船——“泰坦尼克”号，于1912年沉没海底。

世界级

“泰坦尼克”号曾是世界上最大的客轮，能承载3500余人。它的设计采用了当时最先进的技术，曾是它的主人——英国白星航运公司的骄傲。

永不沉没
1912年4月10日，“泰坦尼克”号客轮从英国南安普顿出航，计划前往美国纽约，这是它的首次航行。它曾被认作“永不沉没”的客轮，但为以防万一，仍采用了先进的安全装备。

救生圈
这艘船配备了3500个救生圈，但是在-2℃的大西洋冰冷的海水中，它们起不到救生的作用，因为人在这样的低温中几乎撑不过15分钟。

漂浮着的宫殿
这艘客轮极其奢华。头等舱内设有游泳池、饭店和健身房，还有理发馆和图书馆供头等舱和二等舱的乘客使用，而即使是三等舱，也很时尚舒适。

富有且有名
大西洋两岸的许多名人都报名参加了此次首航。百万富翁约翰·雅各布·阿斯特四世和本杰明·古根海姆都曾走过这个楼梯。

下沉

1912年4月14日的夜晚，在寂静的大西洋中，“泰坦尼克”号撞上了一座巨大的冰山。在此后的30分钟内，船体开始严重倾斜，船长爱德华·约翰·史密斯下令下放救生艇。然而在撞击发生近3小时后，号称“永不沉没”的“泰坦尼克”号最终沉没于海底，船上1500余人丧生。

丑闻
客轮遇难后的疏散安排非常糟糕。船上共有20艘救生艇，可容纳1178人，但最终只搭载了约700人。

坚持演奏……
在整个沉船过程中，“泰坦尼克”号上英勇的乐队一直在为乘客们演奏，直到船完全沉没到海浪之下。

沉船搜寻

自从“泰坦尼克”号客轮沉没，人们曾多次尝试想要找到它。1985年9月，简·路易斯·米歇尔和罗伯特·巴勒特博士领导的美法联合探险队成功地定位到了沉船。

阿尔文号深潜器

1986年，世界上第一艘载人深潜器——阿尔文号深潜器潜至海平面下近4千米深处，拍摄到了“泰坦尼克”的沉船残骸。

海底操作

1985年，装载有深海搜索声呐设备的法国“莱·苏洛特”号考察船，与美国“诺尔号”考察船一起展开了对“泰坦尼克”号残骸的搜索，最终在距离1912年沉船发生位置约21千米处发现了它。

探索

研究者曾认为“泰坦尼克”号整体沉入海底，但是搜寻者发现它已经解体了，船头（上图）距离船尾约600米。

其他重大沉船事件

几个世纪以来，沉船事件屡有发生。这些船大多沉没于战争冲突中，也有些是由天气原因造成的，还有个别是由于人为失误。

公元前14世纪 *这是目前发现的最早的沉船。这艘满载着珍宝的航船沉没于土耳其的乌鲁布伦海岸附近，1982年才被人们发现。*

1120年—1279年 *巨大的中国商船——“南海一号”沉没海底，船上装载着约8万件货品。如今，它已被打捞上岸并对外展览。*

1535年 *已知的新大陆最早的沉船是一艘满载珍宝的西班牙商船，它在归途中沉没于西班牙的伊斯帕尼奥拉岛附近。*

1545年 *这艘令当时的英国国王亨利八世引以为傲的“玛丽·罗斯”号战舰，在战争中受到攻击，沉没于英国南部的怀特岛附近。如今，它已被打捞出海并展示在它的生产地英国朴次茅斯港。*

1628年 *瑞典海军“瓦萨”号军舰首航十多分钟后就沉没于海底。在当时的瑞典国王的督造下，它还没准备好，便被加入波罗的海舰队，因此埋下隐患。如今，它已被打捞出来并在瑞典的斯德哥尔摩市展出。*

1850年 *英国移民船“艾尔郡”号搁浅在美国新泽西州附近。幸得一条救生船及时营救，除一名船员外，其他所有乘客和船员均得救。*

1915年 *英国客轮“路西塔尼亚”号在爱尔兰附近被一艘德国潜水艇击沉，造成约1200人丧生。此事件亦成为美国加入第一次世界大战的导火索。*

1941年 *“俾斯麦”号军舰是当时德国最大的战船，被英国海军击沉在大西洋中。*

1987年 *菲律宾客轮“杜纳巴兹”号的沉没堪称和平时期最严重的海难，虽然官方宣称的死亡人数为1749名，但由于超载，实际死亡人数预计超过4000人。*

2002年 *塞内加尔客轮“乔拉”号在冈比亚附近海域失事。这艘承载量为580人的客轮，当时超载至2000人，并最终造成逾1863人死亡。*

* 哪个城市将很快受到海洋的威胁?
* 游轮是如何污染海洋的?
* 你爱吃的三明治为什么会使鱼类濒危?

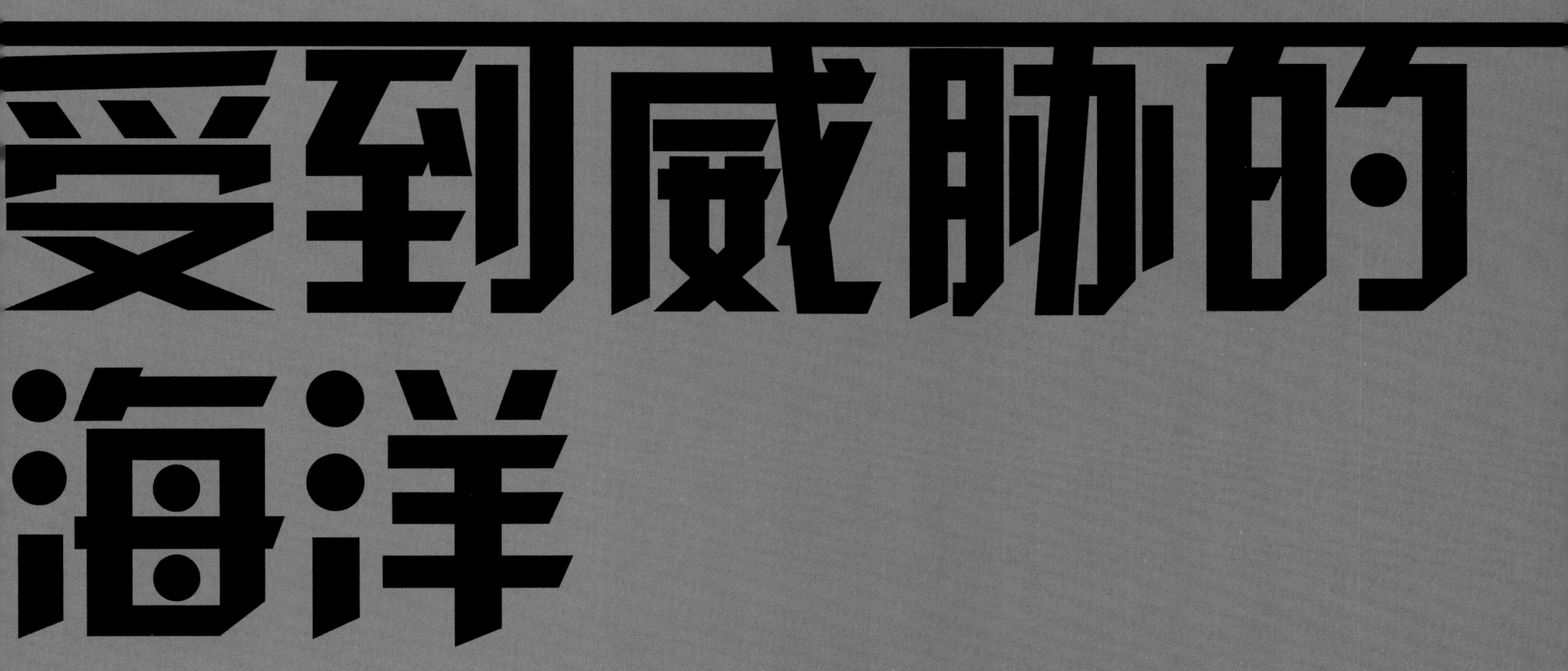

污染 [海洋是垃圾桶吗？]

曾几何时，人们肆意向海里倒垃圾与废弃物，并不以为然。但是今天，很多人正在长期呼吁抵制将大海当作世界的垃圾桶。

洋流和海潮

漂浮物能随着洋流和海潮漂洋过海数千千米。洋流并不会将这些漂浮物冲散，反而将它们聚到一起形成一个臭烘烘的“垃圾筏”，然后冲上海滩。

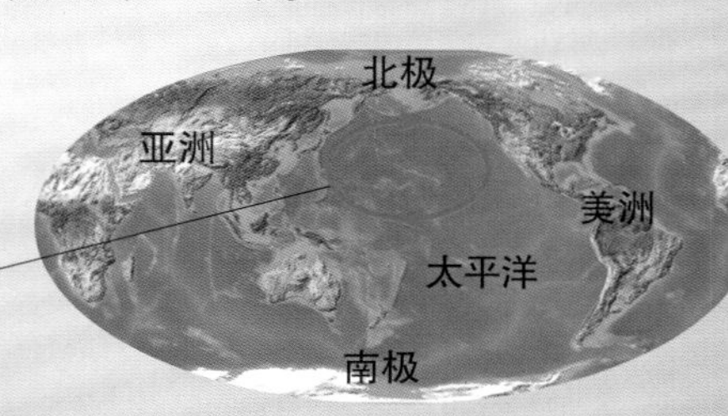

北太平洋环流

这个巨大的顺时针洋流把垃圾从陆缘边界扫向大洋内部。

北太平洋垃圾带

北太平洋的一大片区域中，绵延约2500千米的范围内都充斥着垃圾，其中，塑料碎片尤为众多。

原油泄漏

陆地上的原油泄漏与井喷事故通常难以控制。而在海洋里，泄漏源也许在漆黑的深海，这样就更难“封住”泄漏点了。强劲的海流会持续把厚厚的黏稠的原油冲走，造成可怕的、大面积的海洋污染。

原油泄漏事故(泄漏量以吨计)

海湾战争期间，1991年	高达2亿5千万吨
拉克维尤油田，加利福尼亚州，1910年	约120万吨
深水地平线钻井平台，墨西哥湾，2010年	约71.39万吨
伊克斯托克-I号钻井平台，墨西哥湾，1979年	约47万吨
大西洋女皇号油轮，特立尼达岛附近，1979年	约28.5万吨
费尔干纳谷油田，乌兹别克斯坦，1992年	约28万吨
瑙鲁兹海上油田，波斯湾，1983年	约26万吨

清理

清理工作必须在原油开始扩散之前尽快开始。但是伊克斯托克-I号钻井平台在墨西哥南湾的井喷持续了10个月，对渔业、沿岸环境及野生生物的生存造成了难以估量的损害。1989年埃克森·瓦尔迪兹号油轮在阿拉斯加的泄漏直到今天还在产生危害。

海洋污染从哪里来?

超过80%的污染来自陆地——城市的污水和垃圾,农田里的杀虫剂和化肥,以及食品和化学工业的废物。其他污染主要来自塑料制品、渔网、石油平台废墟和船舶上的垃圾等。

农药

化肥会被雨水冲到小溪河流中,然后流入海洋。它们会促使浮游生物迅猛生长,形成有毒的海潮。

游轮弃物

一艘承载3000人的游轮,每天会制造超过1吨的固体垃圾。

塑料等垃圾

塑料袋、瓶子、渔网、绳子和浮筒等需要很多年才能降解(被分解),有些动物会以为它们是食物,因误食而死亡。

原油泄漏的结果

动物、植物、海岸上的岩石和海滩都会受到原油泄漏的影响。鲸和海豚会被原油堵住呼吸道窒息而死。鸟类在清理身上被粘在一起的羽毛时若误食原油,则将在痛苦中慢慢地死去。

更多信息

《海洋帝国》
[英]布赖恩·莱弗里/著

《拯救海洋:海洋污染与环境保护》
冀海波/著

埃克森·瓦尔迪兹钻井平台
深水地平线钻井平台
美国国家海洋和大气管理局
雅克·库斯托
五环流研究所

乘船时注意安全和卫生,不要把垃圾或污水丢入海中。制作和清理船只时使用对环境无毒害的清洁剂和船只涂料。

不要试图自己去救护岸上被污染物影响或困住的鸟或海豹等动物,而应将情况报告给警察或海岸线保安。

农药:用来杀死有害生物(尤其是一些昆虫和老鼠)的化学试剂。

可生物降解材料:是指能在自然状态下被虫子和其他生物分解,且降解物可以安全地释放到土壤和水中的物质。大多数塑料都是不可生物降解的。

扩张的海 [升高变宽……]

据统计，海平面正在缓缓升高。在过去的100年中，海平面以平均每年2毫米左右的速度缓慢上升，预计未来其上升速度将会不断加快，到2100年将升高0.5米左右，由此造成的洪水将会淹没沿岸的城市和农田。科学家们认为，海平面上升的原因之一是全球变暖现象。

什么是全球变暖？

我们的生活中会用到大量能量，这些能量是通过燃烧石油、煤炭等化学燃料产生的。燃烧过程中会产生大量的二氧化碳等气体，导致地球上的热量被封在大气层内，造成“温室效应”。这些多余的热量使我们生活的这颗星球的气候变暖，并造成冰盖和冰川的融化。

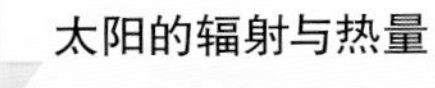

温室效应

太阳的热量经过大气层，并使大气、海洋和陆地变得温暖。温室气体的大量排放使得困在大气层内部的热量增多，而排到太空的热量减少。

地球的大气层

除了二氧化碳，还有其他气体可以造成温室效应，包括动物消化释放出的甲烷，以及汽车尾气中的臭氧等。

冰盖融化

全球变暖的后果是世界范围内主要的陆上冰盖（分布于南极、格陵兰岛和北极圈周围）会逐渐融化。融化的冰水汇流入海，使海平面升高。

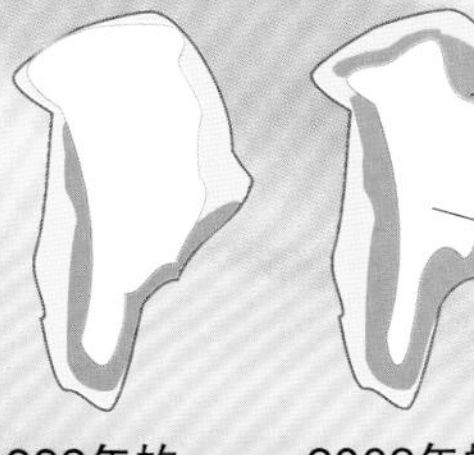

格陵兰岛

在过去的10年中，格陵兰岛夏天的融冰面积比原有面积增加了六分之一。

已融化的冰

橘色的部分表现的就是夏季冰盖融化的地带。

未融化的冰川

白色的部分表现的是夏季也不会融化的永冻地带。

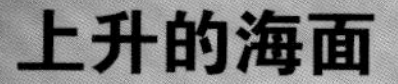

上升的海面

由于海上冰山和浮冰本来已经在海里了，因此它们的融化不会增加海平面的高度。海面上升的原因是陆地上冰的融化，以及气候变暖时海水的体积因温度增加造成的膨胀。

处于危险中的威尼斯

随着海浪逐年增高，意大利地势低洼的泻湖城市威尼斯已经面临危险。

阿姆斯特丹

如果海面上升2米左右，荷兰首都阿姆斯特丹——大型的海港就将被洪水淹没。

旧金山

如果海面上升3米左右，海湾边的城市——旧金山就将会消失。

伦敦

如果海面再上升4.5米左右，伦敦南部等英国大部分地区就都会被海水淹没。

上海

如果海面再上升6米左右，船就会漂在中国上海这座世界上最大、最繁忙的港口城市的街道上。

2040年，北极也许会遭遇它第一个无冰的夏天，这个时间也可能提前至2039年或2038年……

自由女神被淹没

如果南极和北极，包括格陵兰岛的冰盖都融化，海平面就会增高70米以上。这个高度的海水足以淹没美国著名的自由女神像的肩膀！

海洋生物的危机 [救命！]

在世界上所有的海洋中，很多生物都面临着灭绝的危险。许多人还没有意识到这个问题，部分原因是海洋生物以及它们面临的危险都隐藏在波浪之下。造成海洋生物生存危机的原因有很多，包括污染、全球变暖、人类误捕或有意的捕捞等。

来自人类的威胁	
白鲸	污染、行船打扰、一些地区的猎捕
蓝鲸	船舶撞击、缠在捕鱼装备上
座头鲸	船舶撞击、非法猎捕
虎鲸	食物减少、污染、原油泄漏、行船打扰
斑点海豹	海冰融化、非法猎捕以获取毛皮
棱皮龟	巢穴被侵扰、污染、误食漂浮的垃圾
蠵龟	缠在捕鱼装备上
菖鲉	误捕、洋流改变
红鲑	三文鱼渔场的疾病
黑鲍	过度捕捞、全球变暖引起的疾病
麋角珊瑚	变暖的海水中越发严重的病害
鹿角珊瑚	和麋角珊瑚一样，以及因沉积物而变浑浊的水质

受到威胁的程度？

为了保护海洋生物，科学家们需要知道每个物种的详细信息，包括这一物种现存数量、分布的范围、繁育的速度等，除此以外，还需要了解威胁这一物种的原因，比如猎物的减少或栖息地的丧失等。

脆弱
这些动物虽不会马上灭绝，但它们已处在危险之中。我们需要尽早对它们及其栖息地展开保护。

海牛

濒危
这些动物的生存面临严重的危险。如果我们不加紧采取保护和救助措施，它们的数量将越来越少直到完全消失。

加拉帕戈斯海狗

严重濒危
这组动物的生存极其危险，已经面临灭绝。如果不立刻采取强有力的措施，它们将不可能生存下来，也许会在30年，甚至更短的时间内消失。

棱皮龟

栉齿锯

直到20世纪80年代，来自抹香鲸身上的分泌物——龙涎香，仍被用作香料。抹香鲸被捕杀，只为使人们闻起来更香！

北极熊

加拉帕戈斯海鬣蜥

蓝鲸

绿海龟

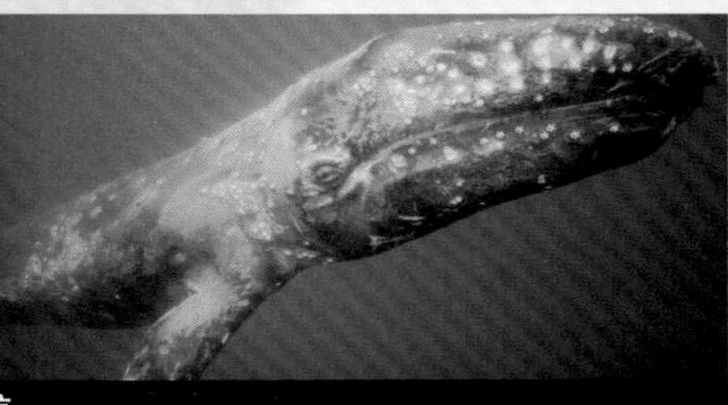

鲸

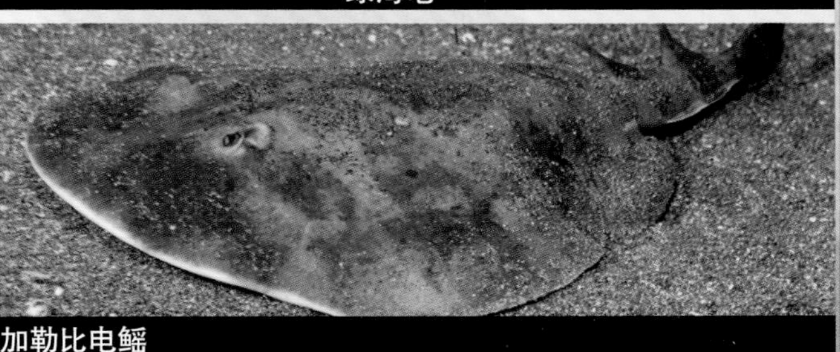

加勒比电鳐

南部蓝鳍金枪鱼

更多信息

《海洋大世界》
[英]艾玛·赫尔伯格/著

世界自然保护联盟濒危物种红色名录
海洋生物普查
濒危
栖息地丧失
过度捕捞

支持以海洋保护为优先的海滩。在合法机构的帮助下，可以“领养”一只海洋动物。出航时小心避让海洋生物。

除非你能确定海鲜是通过合法途径捕捞的，否则不要买金枪鱼和虾等海鲜。

误捕:非有意的偶然捕捞到的动物，例如海龟、海豚或鲨鱼等，可能因捕食猎物而被意外困在渔网里。

可持续性：一种可以在一个特定水平长期维持的过程或状态，在此范围内的捕捞不会影响鱼类等海洋动物的繁育和生长。

最后的边界 [最后一个大栖息地]

我们对海洋的了解还不及我们对月球的了解多。海洋中还有那么多的内容等着我们去探索和研究——风、波浪、野生生物和深海宝藏等。对于探险者来讲，再也没有比海洋更好的探险地了。

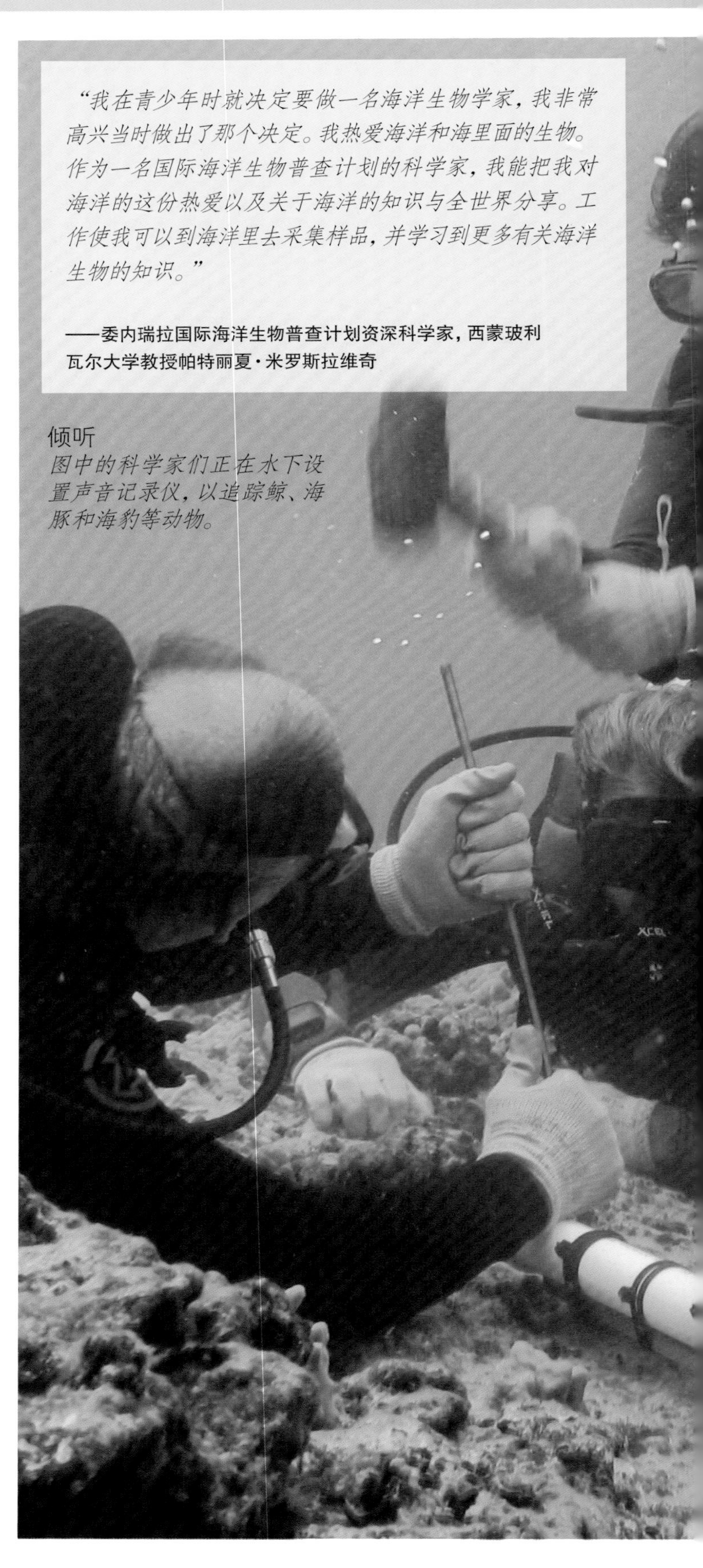

“我在青少年时就决定要做一名海洋生物学家，我非常高兴当时做出了那个决定。我热爱海洋和海里面的生物。作为一名国际海洋生物普查计划的科学家，我能把我对海洋的这份热爱以及关于海洋的知识与全世界分享。工作使我可以到海洋里去采集样品，并学习到更多有关海洋生物的知识。”

——委内瑞拉国际海洋生物普查计划资深科学家，西蒙玻利瓦尔大学教授帕特丽夏·米罗斯拉维奇

倾听

图中的科学家们正在水下设置声音记录仪，以追踪鲸、海豚和海豹等动物。

海洋中的科学

世界范围内，数千名科学家长年在科研船上工作，还有很多科学家在探鱼飞机上跟踪观察鲸的迁徙、沙坝的变化和洋流的流动等。在海面之下，除了深潜器，还有海下工作站，人可以在那里住上几天，用潜水仪器去探索周边环境。

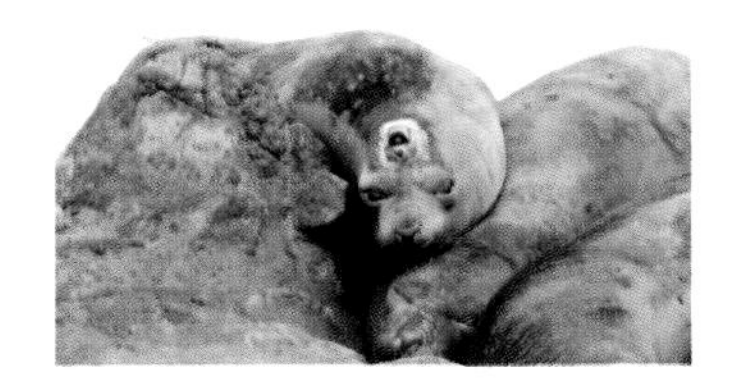

标记和跟踪

安装在海洋生物身上的无害的电子标签，可以监测这些生物的去向，以及周围的水深和水温，并通过太空中的卫星信号将信息传递给人类。

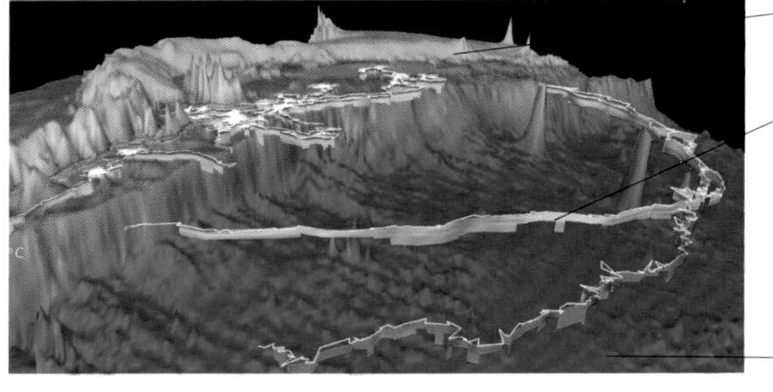

南极半岛

图中显示了一群象海豹捕食之旅的行迹，红色部分显示了它们潜入海中的最深深度。

南大洋

史诗般的旅程

电子标签能帮助科学家记录动物去过的地方。象海豹的标签显示它们猎食之旅的距离可以超过1000千米，深度超过2300米。

全天的工作

成为一名海洋科学家是非常令人兴奋的事情。一些海洋研究工作是需要不分昼夜的，比如研究只在夜晚露出水面的鱼类。但新的研究可以帮助我们了解全球变暖，以及如何从潮汐和波浪中获取能量等。

搭乘科研船

一段工作结束后，海洋科学家会带着采集到的样品，被从海里吊上来并返回到科研船上。

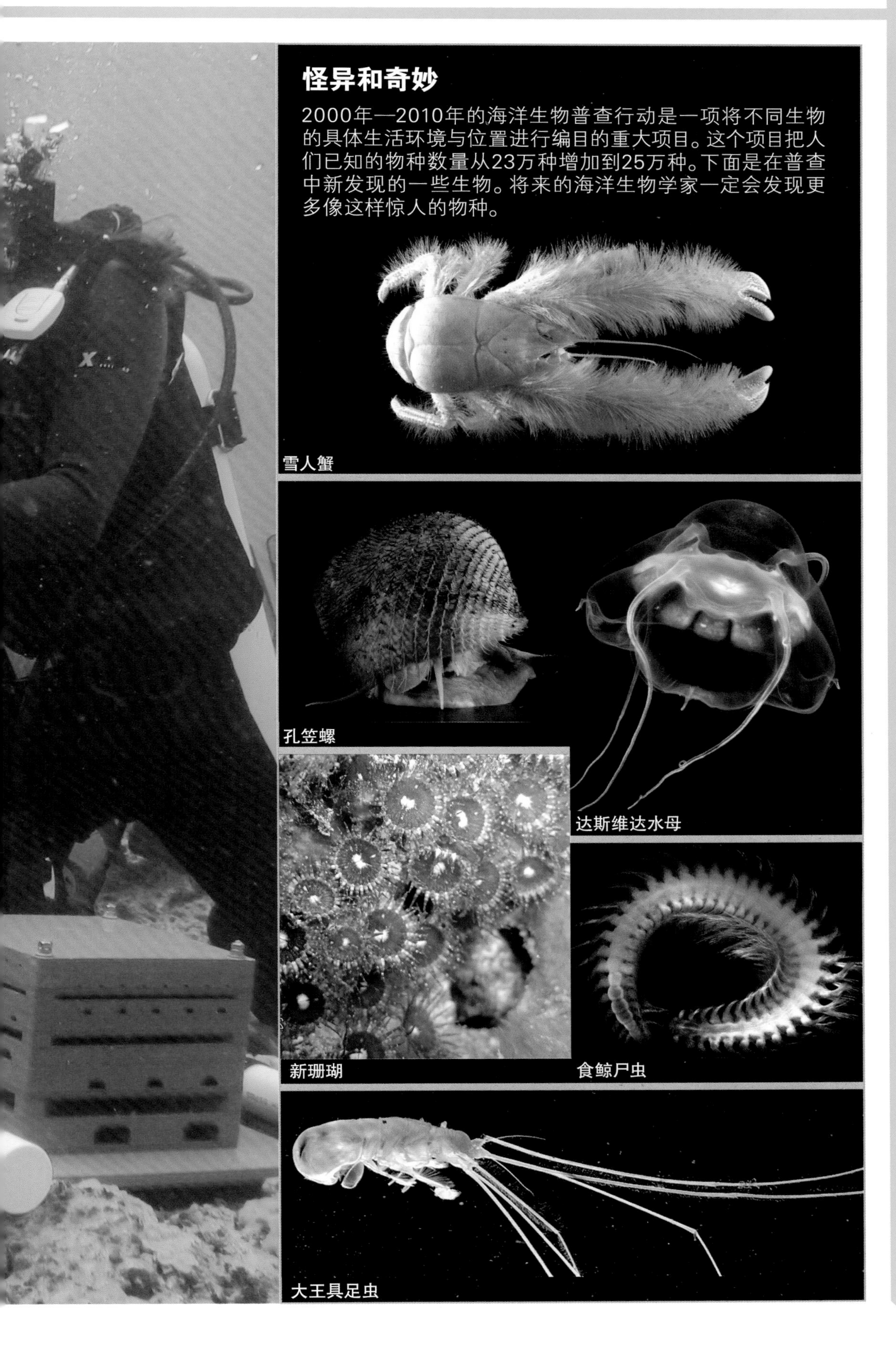

怪异和奇妙

2000年—2010年的海洋生物普查行动是一项将不同生物的具体生活环境与位置进行编目的重大项目。这个项目把人们已知的物种数量从23万种增加到25万种。下面是在普查中新发现的一些生物。将来的海洋生物学家一定会发现更多像这样惊人的物种。

雪人蟹

孔笠螺

达斯维达水母

新珊瑚

食鲸尸虫

大王具足虫

更多信息

《奇异的深海》
[美]丽莎·扬特/著

《海上四十二天：少年海洋学家》
刘兴诗/著

国际海洋生物普查项目
海洋生物学家 生态
马里亚纳海沟 海洋生物多样性

参观弗吉尼亚海滩上的弗吉尼亚水族馆和海洋科学中心。报名参加加拿大不列颠哥伦比亚温哥华水族馆中的“与动物相遇项目”。

W

海洋生物学家：研究各种海洋生物的科学家。

海洋化学家：分析海水和海底沉淀化学组分的专家。

海洋地质学家：测绘海底山谷和山脉的科学家。

物理海洋学家：研究海洋运动的专家。

未来的海洋

数年来，我们深深地伤害了部分海洋生物，但仍有些区域没被触及，在那里生活着令人震惊的生物。由于海洋对生物至关重要，因此世界各地的人们都需要关注并为地球上有着如此令人赞叹的海洋及海洋动植物而庆幸。

海洋的偏爱 [超级明星]

小鱼和生活在海底的小虫通常很耀眼，而那些勇猛又充满魅力的较大体形的物种也吸引着我们的注意力。这里展示的动物对于它们的栖息地十分重要。它们并非都受到了威胁，但它们向我们展示了海洋生物是如何应对危害的。

海龟

类别	爬行动物
种类数目	7种
栖息范围	迁徙；但大多在暖水区域
繁育方式	在沙滩上产蛋
寿命	通常50年~75年
生存状态	所有种类的海龟都正遭受严重威胁，是受保护的动物
威胁因素	污染、繁育区被侵扰、猎捕等

玳瑁
人们为得到它的壳而猎捕它，目前严重濒危。

企鹅

类别	鸟类
种类数目	17种~20种
栖息范围	赤道以南，大部分在南极
繁育方式	产蛋
寿命	通常15年~20年
生存状态	6种企鹅已处于濒危
威胁因素	全球变暖、渔网误捕、人类捕鱼造成的食物缺少等

阿德利企鹅
这些企鹅能够顺着阳光找到穿过冰层的路。

帽带企鹅
觅食的时候，这些企鹅可以从岸边开始向海中游80千米远。

非洲企鹅
这是唯一一种在非洲繁育的企鹅。

鲨鱼

类别	鱼类
种类数目	约440种
栖息范围	所有水域，甚至极地
繁育方式	大多数产卵，部分胎生
寿命	通常几年，最长达百年
生存状态	很多已处于濒危
威胁因素	渔网误捕、非法捕猎、污染等

大白鲨
虽然在传说中大白鲨会吃人，但在实际中，人并不是大白鲨喜欢的食物。

柠檬鲨
热带近海鲨鱼，以黄貂鱼等鱼类为食。

锤头双髻鲨
锤子状的头可能会帮助这种鲨鱼看到或闻到猎物。

鲸

类别	哺乳动物类
种类数目	15种须鲸类，75种齿鲸类（包括海豚）
栖息范围	所有水域，甚至极地
繁育方式	胎生
寿命	从20岁到130多岁
生存状态	许多种类濒危，有些严重濒危
威胁因素	渔网误捕、非法猎捕、[illegible]

独角鲸
这种北部齿鲸只有两颗牙，其中一颗长度可达3米。

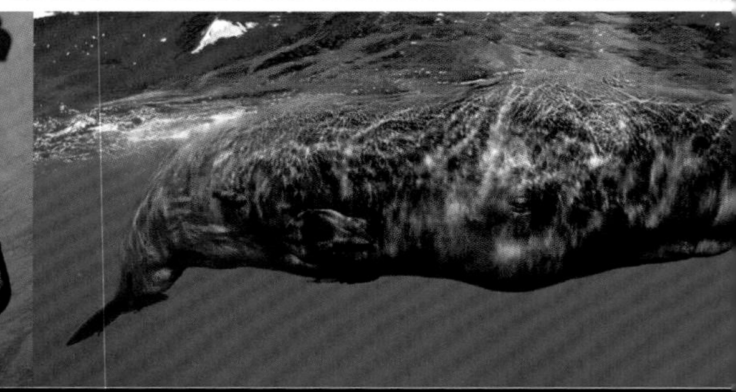

抹香鲸
这是世界上最大的猎捕者，一头大个头儿的雄性抹香鲸，身长可达20米，体重可达60吨。

幼年榄蠵龟

最小的海龟中的一种，其成年龟的龟壳长度只有60厘米左右。

棱皮龟

所有海龟里最大的一种，重量可达900千克，前鳍肢张开近3米宽。

棱皮龟蛋

母棱皮龟能产8组蛋，一组约100个。

长冠企鹅

这种企鹅可以组成庞大的繁育种群，其数量可以超过150000只。

巴布亚企鹅幼崽

等到了3个月大，这只小企鹅就能吃磷虾、小鱼、乌贼并游到远海了。

跳岩企鹅

之所以叫这个名字，是因为这种企鹅会在岩石上跳来跳去。

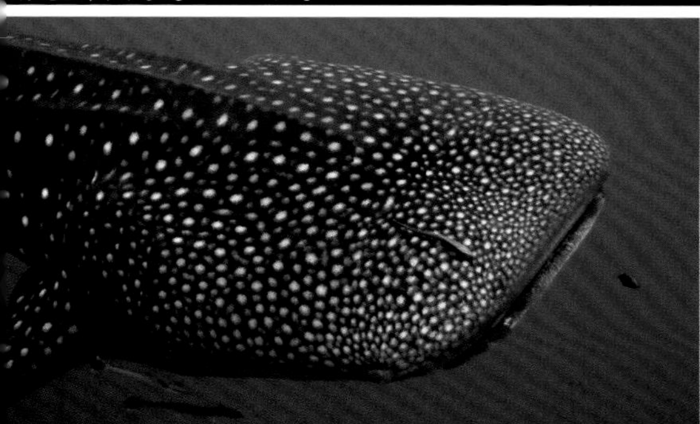

鲸鲨

这种庞大的鱼身长可达12米，是一种以浮游生物为食的无害动物。

虎鲨

这种被认为对人类有威胁的鲨鱼，实际袭击人的概率很低。

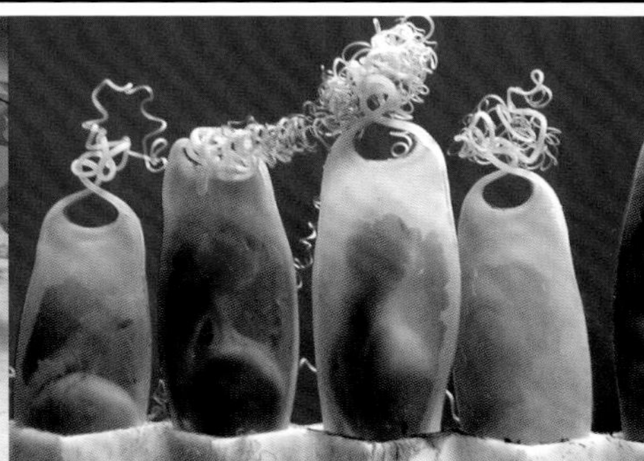

鲨鱼卵

小鲨鱼会在卵鞘里发育几个月。

座头鲸母鲸和幼鲸

像其他哺乳动物一样，座头鲸用母乳哺育幼崽，它的哺乳期长达10个月。

小须鲸

这是最小的须鲸，身体只有10米左右长，体重为12吨~14吨重。

北极露脊鲸

北极露脊鲸的鲸须是鲸类里最长的，它的体长可达3米，重量可达80吨。

半岛
一种地貌状态，其陆地的多数被海水包围，但仍与大陆相连。

板块
出自大地构造理论，指地球上岩石圈的构造单元。

背鳍
鱼背部的鳍，通常位于鱼身体上方最高处。

哺乳动物
一类温血动物，因以母乳喂养幼崽而得名。大多数哺乳动物出生时即全身覆盖毛发，但鲸类等水生哺乳动物出生时身上只有极少的毛发。

沉积
水流、风等流体在流速减慢时，所挟带的沙石、泥土等沉淀堆积起来。

大陆架
大陆从海岸向外延伸，开头坡度较缓，相隔一段距离后，坡度突然变陡，直达深海底。坡度较缓的部分叫大陆架，坡度较陡的部分叫大陆坡。

等足目动物
体形较小的甲壳类动物，通常有七对足。目前发现的海洋中的等足目动物共有约4500种。

盾鳞
鲨鱼、鳐等鱼类身体表面特有的像牙齿一样的小鳞片。

发光器
一些动物身体中的一个器官，使其可以发射出生物荧光。

腐食性
一些生物以腐败的动植物遗体、遗物为食料而得到营养的习性。

浮游生物
悬浮于水层中的动物、植物或其他生物体，行动能力微弱，全受水流支配，通常个体很小，但也有些个体较大，例如水母。

浮游植物
浮游生物中的植物群体。生命特性参见“浮游生物”。

高原
海拔较高、地形起伏较小的大片平地。研究发现，不仅陆地上存在高原，海底也有高原。

骨骼
动物体内发挥支撑和塑形作用的坚硬的组织。海洋动物中通常有两种不同的骨骼类型，一种为身体内部发挥支撑作用的外骨骼，另一种为身体外部坚硬的外壳。

骨针
海绵和软珊瑚等动物体内坚硬的刺状骨骼。

固着器
一些海藻长出的像根一样的基部，使其可以固定于岩石或木头上。

海湾
海洋中一种类型的区域，通常三面环陆，另一面为海，呈“C”形或“U”形。

海峡
两块陆地之间连接两个海或两个洋的狭窄水道。例如直布罗陀海峡、博斯普鲁斯海峡等。

海藻
生长在海洋中的简单植物，通常没有真正的根，不开花。大多数海草都是不同类型的海藻。

集群
以群体或群落的形式聚集在一起生活的方式。

寄生
一种生物生活在另一种生物的体内或体表，从中取得养分，维持生活。寄生者受益的同时，宿主通常会受害。

激素
动植物机体内直接进入血液分布到全身的一种化学物质，对机体的代谢、生长、发育和繁殖等起着重要的调节作用。

脊柱
人和脊椎动物背部的主要支架。

集装箱
具有一定规格、便于机械装卸、可以重复使用的装运货物的大型容器。

降解
物质被分解或衰败后变为海洋沉积物或融入土壤中。特别是海边的塑料等垃圾需要降解才能衰败，融入海床或海岸的土壤中。

鲸落
当鲸鱼在海洋中死去，它的尸体会逐渐下沉，最终沉入海底。生物学家们称这一过程为鲸落。鲸鱼的尸体可以供养整套生命系统。

鲸须
生长在须鲸类动物上颌的一种长毛或流苏状的角质薄片，用于从水中滤食。

鲸脂
鲸类等的皮肤下的一层厚厚的脂肪层，以使动物保持体温、抵御严寒。

全世界的海洋中共有超过1,800万吨黄金。

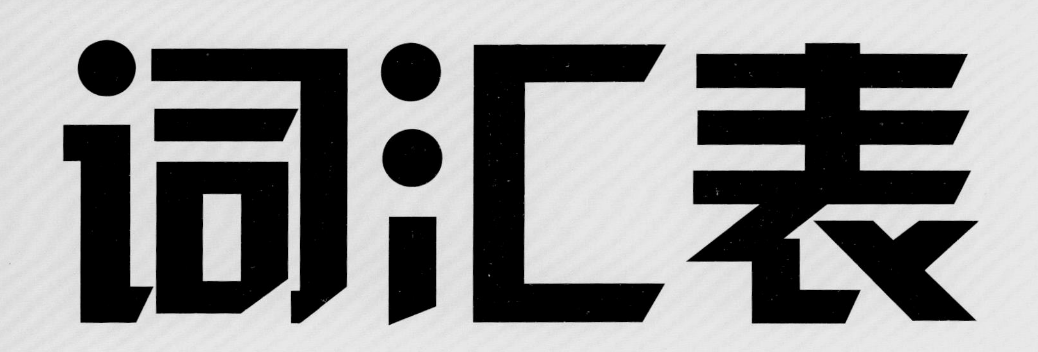

由于不擅游动，海马几乎总是静止不动的。

矿物

地壳中由地质作用形成的天然化合物和单质，是组成岩石和矿石的基本单元。有些矿物会被风雨等侵蚀。

联盟

两个或两个以上的国家或组织为了共同行动而订立盟约所结成的集团。

鳞

鱼类等动物身体表面具有保护作用的薄片状组织，由角质、骨质等构成，可帮助动物抵御捕食者以及恶劣气候的侵袭。除鱼类、爬行动物外，一些鸟、昆虫和哺乳动物身上也长有鳞。

磷虾

一类小型的像虾一样的生物。它们中大部分比你的小手指还要小，却是海洋食物链和食物网中重要的一部分。

氯化钠

海水中的主要盐与矿物质，提纯后即可成为餐桌上的食盐。

麻痹

身体某一部分的感觉能力和运动能力丧失。

农药

一种化学试剂，为避免蠕虫、昆虫等害虫对人类及农作物的伤害，农业上通常用农药来杀虫、杀菌、除草、灭鼠等。

栖息地

动物生存和繁衍的某个特殊区域，例如池塘、沙漠、砾石岸、暗礁和海床等。

汽油

通过石油分馏或裂化得到的一种易燃、易挥发的液体，通常用作汽车等的燃料。

潜水球

一种球状的深海潜水器。

软骨

一种坚韧的组织，通常很轻，较易弯曲，是鲨鱼、鳐等动物骨架的主要组成成分。

鳃

鱼、螃蟹、海参等水生动物的呼吸器官，多为羽毛状、板状或丝状，用来吸取溶解在水中的氧。

深渊带

海洋中最深、最黑暗的区域，一般深度超过4000米。

生态系统

生物群落中的各种生物之间，以及生物和周围环境之间相互作用构成的整个体系，叫作生态系统。

生物荧光

一种生物体发光现象，通常是由细胞合成的化学物质，在一种特殊酶的作用下，使化学能转化为光能。

石英

一种非常常见的矿物，成分是二氧化硅，由硅元素与氧气结合而成，是砂岩等多种岩石及沙粒等多种颗粒的主要组成部分。

水肺

自携式水下呼吸装置。当人们潜入水中时，可凭借它来自由呼吸。

碎波

海浪在波峰顶端卷曲或破碎后落下的浪花。

伪装

动物体可以通过变换体色等方式将自身与周围环境融合，以隐藏或不被注意。

温室气体

大气中能引起温室效应的气体，如二氧化碳等气体。

无脊椎动物

身体背部没有脊柱的动物。

物种

生物分类的基本单位，不同物种的生物在生态和形态上具有不同特点。

遥控潜水器

一种可以远程遥控操作的水下运行器，通常用于水下探测。

液化

物质由气态变为液态，与蒸发过程相反，液化过程中，不可见的水蒸气将凝结为液态水。

叶绿素

植物体内的一种绿色色素。植物通过叶绿素进行光合作用，将光能转化为化学能。

原油

开采出来未经提炼的石油。

蒸发

液体表面缓慢地转化成气体的现象，与液化过程相反，蒸发过程中，流动的水将转化为不可见的水蒸气。

洲

地球上有七大洲，包括北美洲、南美洲、欧洲、亚洲、非洲、澳洲和南极洲。

索引

海洋中有超过230,000种生物物种。

出版者感谢下列机构和个人允许使用他们的图片。

1: iStockphoto; 2–3: NASA/Science Faction/Corbis; 6bl, 7l: Keith Ellenbogen/Blue Reef; 7cl, 7cr: Shutterstock; 7r: iStockphoto; 8–9: Keren Su/Corbis; 10–11: Norbert Wu/Getty Images; 12c: Shutterstock; 14tr: Zoonar GmbH/Alamy; 14mr: Pete Oxford/Getty Images; 14b: NASA Goddard Space Flight Center; 15tl: Ulof Bjorg Christianson/Rainbo/Science Faction/Corbis; 15tc, 15tr: Shutterstock; 15tml: Brian J. Skerry/National Geographic; 15tmc: Jens Kuhfs/Getty Images; 15tmr: Dante Fenolio/Photo Researchers; 15bml: Norbert Wu/Minden Pictures/National Geographic; 15bmc: David Shale/Nature Picture Library; 15bmr: David Shale/Nature Picture Library; 15bl: University of Aberdeen/Natural Environment Research Council; 15bc: NOAA; 15br: Monterey Bay Aquarium Research Institute; 18bl: WaterFrame/Alamy; 19tr: Bertrand Gardel/Hemis/Corbis; 20tl: Shutterstock; 20bl: National Geographic/Getty Images; 20br: B. Clarke/ClassicStock/The Image Works; 21bl: Tanya G Burnett/SeaPics; 21br: Stefan Feldhoff/A. C. Martin/dpa/Landov; 22cl: Dave Bartruff/Corbis; 22–23: Jonah Kessel/Moodboard/Corbis; 23tr: Sean Davey/Corbis; 24tmr, 24bmr: Shutterstock; 24tl, 24tr, 24–25: Bryn Walls; Andrew J. Martinez/Science Photo Library/Photo Researchers; 25tl: Manfred Kage/Photo Researchers; 25bml: Kelly-Mooney Photography/Corbis; 25tr: Gallo Images/Duif du Toit/Getty Images; 25cr: Photolibrary/Getty Images; 25br: Stuart Morton/Getty Images; 26l: Scubazoo/Alamy; 26c: Popperfoto/Getty Images; 26r: Dorian Weisel/Corbis; 28tr: Shutterstock; 28bl: Scubazoo/Alamy; 28mr: Herwarth Voigtmann/Corbis; 28br: Bill Brooks/Alamy; 29tl, 29tcl, 29tcr, 29tr: Shutterstock; 28tml: MediaBakery; 28tmr: NASA; 28b: Arctic Photo; 30–31: Dorian Weisel/Corbis; 32tr, 32tc, 32c: iStockphoto; 32ml, 32bl: Sygma/Corbis; 33tl, 33tr, 33bmr: iStockphoto; 33tml: Paul Thompson/FPG/Getty Images; 33tmr, 33bml, 33bl: Shutterstock; 34mr: Shutterstock; 34bl: North Wind Picture Archives/Alamy; 34br: National Geographic/Getty Images; 34–35: iStockphoto; 35tl: Popperfoto/Getty Images; 35tr: SSPL/Getty Images; 35mr: Shutterstock; 35bl: AFP/Getty Images; 36l: Shutterstock; 36c: David Scharf/Science Faction/Corbis; 36r: Visuals Unlimited/Corbis; 38–39: Richard Herrmann/Galatee Films; 39t, 39tml, 39tmr, 39bml, 39bmr, 39bl, 39br: Shutterstock; 40tl, 40tmr, 40bcl: iStockphoto; 40tml: John Clegg/Photo Researchers, Inc.; 40bml: Richard Herrmann/SeaPics.com; 40tr: Roland Birke/Peter Arnold/Photolibrary; 40bmcl: Denis Scott/Corbis; 40bl, 40bmr: Shutterstock; 41tl: John Clegg/Photo Researchers; 41tc: iStockphoto; 41tr: Paul Nicklen/National Geographic/Corbis; 41tml: Harry Taylor/Getty Images; 41tmcr, 41bmcr, 41bml, 41bl, 41bcl: Shutterstock; 41br: Stephen Frink Collection/Alamy; 42–43, 42bml, 42bmr, 42bl, 42bcl, 42bcr: iStockphoto; 42br: Lee Snyder/Photo Researchers, Inc.; 43tr: Arco Images GmbH/Alamy; 43mr: David Scharf/Corbis; 43br: David Scharf/Corbis; 44–45: Gerald Nowak/age footstock; 46ml, 46bmc, 46bl, 46bcl: Shutterstock; 46tr, 46bmcr, 46br: iStockphoto; 47c: Shutterstock; 47tr: National Geographic/Getty Images; 48–49: Fred Bavendum/Minden Pictures; 49tr: Norbert Wu/Getty Images; 49tmr: Visuals Unlimited, Inc./Louise Murray/Getty Images; 49bmr: Keith Ellenbogen/Blue Reef; 49br: Jason Isley/Scubazoo; 50, 51tl: Keith Ellenbogen/Blue Reef; 51tc, 51bl, 51bc, 51br: iStockphoto; 51tr: Scubazoo; 51bmr: Stephen Frink/Science Faction/Corbis; 52–53: Alain Machet/Alamy; 54–55: Yi Lu/Corbis; 54tr, 54tmr, 54tmr, 54bc: iStockphoto; 54tml: Peter Johnson/Corbis; 54tmcl: Bodil Bluhm, University of Alaska Fairbanks, with NOAA funding; 54tmr: D.R. Schrichte/SeaPics; 54bml: Saul Gonor/SeaPics.com; 54cmr: J. Gutt, AWI/MARUM, University of Bremen, Germany; 54bl: Ben Cranke/Getty Images; 54br: Paul Oomen/Getty Images; 55tr: Paul Souders/Corbis; 55tmc: Doug Allan/Getty Images; 55bl: Flip Nicklin/Getty Images; 55bcr, 55bmr, 55br: iStockphoto; 55bc: Gerald Kooyman/Corbis; 56–57: World Travel Collection/Alamy; 58–59: Jim Richardson/National Geographic/Corbis; 58bl: Wolfgang Kaehler/Corbis; 58tcr, 58tr, 58tmcr, 58tmr, 58bmcr, 58br: iStockphoto; 59tcr, 59tr, 59tml, 59tmc, 59bml, 59bmc, 59bl, 59bc, 59br: iStockphoto; 59cr: Wayne Lynch/All Canada Photos/Corbis; 60–61: Georgette Douwma/Getty Images; 60bl: Reinhard Dirscherl/SeaPics; 60tcr: Brandon Cole Marine Photography/Alamy; 60tr, 60bmcr: iStockphoto; 60tmcr, 60tmr: Espen Rekdal/SeaPics; 60bmr: Shutterstock; 60br: Masa Ushioda/SeaPics; 61tl: Jason Isley/Scubazoo/Science Faction/Corbis; 61tr: Blickwinkel/Alamy; 61tml: Visuals Unlimited/Corbis; 61tmc, 61bml, 61bmc, 61bl, 61bcl, 61bcr, 61br: iStockphoto; 61tmr: Specialist Stock/Corbis; 61bmr: Stuart Westmorland/Corbis; 63br: Colin Keates/Dorling Kindersley, Courtesy of the Natural History Museum, London; 64–65: DLILLC/Corbis; 66tl: Visuals Unlimited/Corbis; 66cl: DK Limited/Corbis; 68tcl: NOAA; 68bml: Dante Fenolio/Photo Researchers; 68bl: NOAA; 68tr, 68br: David Shale/Nature Picture Library; 69tml: Norbert Wu/Science Faction/Corbis; 69tr: Visual&Written/Newscom; 69bl: Dave Forcucci/SeaPics.com; 69bc: David Shale/Nature Picture Library; 69br: Dante Fenolio/Photo Researchers; 70l: Associated Press; 70c: Lebrecht Music and Arts Photo Library/Alamy; 70r: Bettmann/Corbis; 72–73: Frans Lanting/Corbis; 72cl: Roman/Getty; 73tl, 73tmr, 73bmr: iStockphoto; 73tr: Bloomberg via Getty Images; 73br: Michael Schmeling/Alamy; 74–75: Guilain Grenier/Oracle Racing; 74tml: iStockphoto; 74bml: Miguel Villagran/dpa/Corbis; 75tr: Associated Press; 75br: Getty Images; 76–77: Bettmann/Corbis; 77cr: Imagno/Getty Images; 78tr: JAMSTEC; 80bl: Colin Keates/Getty Images; 81bl, 81bc, 81br: iStockphoto; 82–83: Abner Kingman/Aurora; 84–85: Shutterstock; 84–85 background: Mike Agliolo/Corbis; 84tl, 84bl: Shutterstock; 84tmcr: Lebrecht Music & Arts/Corbis; 84bmcl: Mary Evans Picture Library, 84br: PoodlesRock/Corbis; 85tl: Lebrecht Music & Arts/Corbis; 85tr: Shutterstock; 85ml: Lebrecht Music and Arts Photo Library/Alamy; 85bcr: The Print Collector/Corbis; 85br: Getty Images; 86–87: Rex Features; 86tml: Shutterstock; 86tr: iStockphoto; 87tl: Rex Features; 87tc: Hulton Archive/Getty Images; 87tr: Damien Simonis/Getty Images; 87tmr, 87bmcr: Shutterstock; 87bmr: Nir Elias/Reuters/Corbis; 88–89: The Bridgeman Art Library; 90–91: Associated Press; 90tl: Shutterstock; 91tl, 91tc, 91tr: Photo Researchers; 92tl, 92bml, 92bl, 92bc, 92br: Mary Evans Picture Library; 92tml: Ralph White/Corbis; 92tr: Superstock; 93tl, 93tr, 93b: Ralph White/Corbis; 94l, 94c: iStockphoto; 94r: Doc White/SeaPics; 96–97: Bloomberg/Getty Images; 96bl: iStockphoto; 96tmr: Michael Schmeling/Alamy; 97tl, 97tc, 97tr: iStockphoto; 98–99: Tony Craddock/Tim Vernon, LTH NHS Trust/Photo Researchers; 98bmcl: Shutterstock; 99tr, 99tmr, 99mr, 99bmr, 99br: iStockphoto; 100–101: Doc White/SeaPics; 100tl, 100cr: iStockphoto; 100bl: Jason Isley/Scubazoo/Science Faction/Corbis; 101tl, 101tr, 101tmr: iStockphoto; 101tml, 101br: Doc White/SeaPics
.com; 101bml: Andrew J. Martinez/SeaPics.com; 101bmr: Howard Hall/SeaPics.com, Inc.; 101bl: Doug Perrine/SeaPics; 102tl,102cl: Daniel Costa; 102br: Bodil Bluhm, University of Alaska Fairbanks/NOAA; 102–103: NOAA; 103tr: Associated Press; 103tmcl: Yoshihiro Fujiwara/JAMSTEC; 103tmcr: Kevin Raskoff, Ph.D.; 103bml: Yoshihiro Fujiwara/JAMSTEC; 103bmcr: James Davis Reimer, Ph.D.; 103b: Larry Madin/Woods Hole Oceanographic Institution; 104–105: Keith Ellenbogen/Blue Reef; 106tr, 106br: iStockphoto; 106tmcl, 106tmcr, 106tmr, 106bmcl, 106bmcr, 106bmr: Shutterstock; 106bl: David Fleetham/Alamy; 107tl, 107tc, 107tr, 107tml, 107tmc, 107bml, 107bmc, 107bmr: Shutterstock; 107tmr: Kevin Schafer/Corbis; 107bl, 107bc: iStockphoto; 107br: Paul Nicklen/Getty Images.

The credits for the images on pages 4–5 can be found on pages 52–53, 62–63, 84–85, and 100–101.

ARTWORK

12l: Andrew Kerr/Dotnamestudios; 12r: Kevin Tildsley/Planetary Visions; 16–17: Andrew Kerr/Dotnamestudios; 16bl, 16bcl, 16bcr, br: Kevin Tildsley/Planetary Visions; 18–19, 20–21c: Kevin Tildsley/Planetary Visions; 78–79c, 80–81c: Tim Loughead/Precision Illustration.

COVER

Front cover: background: Carson Ganci/Design Pics/Corbis, foreground: Reinhard Dirscherl/Visuals Unlimited/Corbis; Back cover: tr: Warren Bolster/Getty Images; cr: Doug Perrine/Nature Picture Library; bl: Manaemedia/Dreamstime.com.

THANK YOU

To Amy Orsborne and Riccie Janus for design assistance.